Wilhelm Bauer

GEFLÜGEL UND KANINCHEN SELBST SCHLACHTEN

2., aktualisierte und erweiterte Auflage

Das steckt drin

Wie ich zum Schlachten kam

Ich war wohl keine zwölf Jahre alt, als mir meine Oma einen Hahn samt Beil in die Hand drückte und mich in Richtung Hackklotz schickte. Schon unzählige Male hatte ich gesehen, wie meine Oma einem Hahn den Kopf abgeschlagen hatte.

Es war völlig normal und ich machte mir darüber auch keine besonderen Gedanken. Mein einziges Streben war, den Hahn nicht leiden zu lassen. Kurzerhand machte ich ihn also einen Kopf kürzer. Später erklärte mir meine Oma, dass sie mich dies hat machen lassen, um mir zu vermitteln, dass man verletzte Tiere manchmal erlösen muss – schließlich war ich kurz zuvor stolzer Besitzer von Tauben und Zwerghühnern geworden.

Diese hatten bald Nachwuchs und der Bestand wuchs ständig. Die überzähligen Tiere wollten wir in der Familie essen. Meine Eltern konnten selber nicht schlachten, meine Mutter aber durchaus Hühner rupfen und auch ausnehmen. Es war dann wiederum meine Oma, die nicht locker ließ, um mir das Schlachten in allen Schritten zu zeigen. Für sie war es wichtig, dass man so etwas kann. Noch dazu, wenn man selbst Kleintiere besitzt. Mit ihr zusammen habe ich dann immer wieder geschlachtet, von der Taube bis zur Pute. Das Kaninchenschlachten habe ich dann bei Freunden, die ich aus der Kleintierzüchterszene kannte, gelernt.

Ehrlich gesagt habe ich dann am Schlachten Gefallen gefunden. Und spätestens seit ich durch die Kleintierzüchter in der Schweiz die tollen Verwendungsmöglichkeiten von Fleisch kennenlernte, ist es mir ein Anliegen, dafür zu werben.

Das vorliegende Buch soll in anschaulicher Weise das fachgerechte Schlachten von Kleintieren zeigen. Mir ist es wichtig, Hinweise aus der Praxis zu geben, die sich bewährt haben. Es soll dabei bewusst über das eigentliche Schlachten hinausgehen und auch die Zerlegung und die Weiterverarbeitung zeigen. Man kann nur jedem raten, gerade diese Schritte zu probieren.

Viele Anregungen rund um diese Themen habe ich dabei in vielen Schlachtkursen erhalten, die ich in regelmäßigen Abständen anbiete. Die Teilnehmer bringen hier ihre eigenen

Erfahrungen, Unsicherheiten und manchmal auch Ängste ein. Sie aus dem Weg zu räumen und ihnen das Vertrauen zu geben, ist dabei immer mein Antrieb.

Natürlich kann ein Buch zunächst nur theoretische Kenntnisse vermitteln. Dennoch habe ich versucht, die einzelnen Schritte so präzise wie möglich zu erklären und durch Bilder anschaulich zu machen.

Dabei hat es sich bei mir am Anfang immer gelohnt, erfahrenen Metzgern über die Schulter zu schauen und von ihnen zu lernen. Wo immer sich Ihnen die Chance bietet, nutzen Sie sie! Das möchte ich Ihnen unbedingt ans Herz legen.

Ich möchte mich bei allen bedanken, die mir in irgendeiner Weise geholfen haben, das Schlachten und die Weiterverarbeitung zu lernen. An erster Stelle meiner verstorbenen Oma Elisabeth Geiger und meinen Freunden Bernhard Fiechtner (Stuttgart-Rohr), Gert Baumann (Steinenbronn) und René Christ (Erlinsbach (AG) / Schweiz) und ganz besonders bei Rainer Barth (Königsbronn-Zang), der mich beim Schlachten für das Fotoshooting unterstützte.

Bedanken möchte ich mich aber auch bei meiner Familie, meiner Frau Yvonne und meinen Töchtern Anna und Klara. Sie unterstützen mich immer bei meinem Tun und schaffen mir die entsprechenden Freiräume. Dank sagen möchte ich auch dem Verlag Eugen Ulmer und Frau Antje Munk, meiner Lektorin.

Es wäre schön, wenn durch dieses Buch das Schlachten von Kleintieren und die Verwertung ihres Fleisches wieder die Belebung erfährt, die es über Jahrzehnte hinweg hatte.

Kleintiere halten: früher und heute

In früheren Zeiten war die Kleintierhaltung eigentlich überall verbreitet. Selbst in städtischen Gebieten wurden Kaninchen und Geflügel gehalten. Sie sicherten in erster Linie die Versorgung der Menschen mit Fleisch und sonstigen Produkten, wie Eier und Daunen. Schließlich gab es das heutige Überangebot an Waren noch nicht.

> > > > Retter in der Not

Vor allem in Kriegszeiten sicherten Kleintiere nicht selten das Überleben ganzer Familien. An eine vegetarische oder gar vegane Szene war nicht zu denken. Es war völlig normal, dass man Kleintiere gehalten und deren Nachkommen aufgezogen hat. Genauso normal war es, dass man sie dann geschlachtet und gegessen hat.

Die Rollenverteilung innerhalb der Familie war meistens klar geregelt. Während der Hühnerhof fest in der Hand der Frauen war, wurden die Kaninchen von den Kindern versorgt. Das Schlachten der Kaninchen übernahm der Vater, während es beim Geflügel wiederum den Frauen vorbehalten war. Auch wenn die Rollen verteilt waren, wurde das Schlachten in keinster Weise tabuisiert. Für alle gehörte es zum Alltag. Man machte sich keine Gedanken, dass die Henne, die gerade noch über den Hof lief, nun einen Kopf kürzer gemacht wurde und mittags schon auf dem Teller lag.

Gerade für Kinder war das Schlachten immer ein besonderes Ereignis. Zeigte es doch deutlich an, dass es endlich wieder Fleisch zu essen gab – auch wenn der Löwenanteil meistens dem Vater gehörte. Fleisch war ein Höhepunkt auf dem Teller!

> > > > Köstlichkeiten werden vergessen

Im Gegensatz zu heute, wo von Kaninchen, Hühnern, Puten und Co. meistens nur Teilstücke angeboten werden, stand damals immer das ganze Tier im Blickpunkt. Man konnte und wollte es sich nicht leisten, anscheinend minderwertigere Stücke eines Tieres nicht zu verwerten. Man hatte Ehrfurcht

vor dem Geschöpf, welches man schlachtete, und es war undenkbar, Teile des Tieres wegzuwerfen.

Mit den Jahren hat eine Entfremdung zum Tier und vor allem auch zum Fleisch stattgefunden. Das hat dazu geführt, dass überwiegend solche Teilstücke verwertet werden, die ihre tierische Herkunft auf den ersten Blick auf keinen Fall offenbaren. Man denke nur an das Brustfleisch bei Geflügel, das nicht auf ein Tier schließen lässt. Seinen Höhepunkt fand das, allerdings auf Schweinefleisch bezogen, in dem Tillman's-Toasty-Werbeslogan „Don't call it Schnitzel!". Man stelle sich im Gegensatz dazu einmal vor, dass heute jemand mehrere Kaninchenköpfe kauft, um sie zu essen. Man würde ihn sehr verwundert anschauen. Gerade das Kopffleisch, und zwar von allen Tierarten, war zu früheren

Eine kleine Entenherde gab es früher auf vielen Höfen.

Zeiten eine besondere Delikatesse und erlebt derzeit eine gewisse Renaissance.

Mit diesen veränderten Ess- und Kaufgewohnheiten ging unendlich viel Wissen um die Verwertung und richtige Zubereitung verloren. Ganz zu schweigen von bestimmten Ritualen und Traditionen. So war ein Weihnachtsfest in Süddeutschland ohne Kaninchenessen fast nicht vorstellbar. Aber auch das gute alte Suppenhuhn hatte seinen Stand in der Küche. Vor allem in der Grippezeit war das Suppenhuhn mit reichlich Fett unverzichtbar. Gerade das Fett war es nämlich, das als natürliches Antibiotikum die Widerstandskraft und Gesundung maßgeblich beschleunigte. Das Sprichwort, dass mehr Fettaugen aus dem Teller herausschauen müssten als hinein, brachte das auf den Punkt.

Ich kann mich noch gut erinnern, wenn es bei meiner Oma eine Hühnersuppe mit Nudeleinlage – kurz gesagt Nudelsuppe – gab. Das Fett brachte es mit sich, dass die Brühe regelrecht gelb war. Umso enttäuschter war ich, als ich Jahre später bei einer Bekannten eine Hühnersuppe einer gekauften Henne sah. Sie schien eher grau und sah sehr unappetitlich aus, vom Geschmack ganz zu schweigen.

>>>> Die Wiederentdeckung

Es waren wohl Erlebnisse wie diese, die der Kleintierhaltung eine deutliche Wiederbelebung verschafft haben. Mit Sicherheit haben aber die vielen Fleischskandale der letzten Jahre und nicht zuletzt die Zustände in den Massentierhaltungen dies nachhaltig unterstützt. War in den Wirtschaftswunderjahren bis zu Beginn der neunziger Jahre des vergangenen Jahrhunderts meistens der Preis das alleinige Kaufargument, hat hier ein Umdenken eingesetzt. Man will wissen, woher das Fleisch stammt und wie es „produziert" wurde. Schon alleine der Begriff der „Fleischproduktion" treibt dabei vielen ein Schauern über den Rücken. Es entwickelte sich eine Besinnung auf lokale Spezialitäten, die sich auch in der modernen Gastronomie immer mehr durchsetzen. Konnten früher die Produkte nicht von weit genug entfernt stammen, hat hier ein anderes Denken begonnen: Auf einmal ist das Schlagwort Regionalität in Verbindung mit artgerechter Tierhaltung in aller Munde und man lernt immer mehr die Vorzüge guter Lebensmittel kennen und schätzen.

Diese Entwicklung reicht natürlich auch bis hin zu den Kleintieren. Viele haben die Nase vom industriell produzierten Einheitsgeflügel gestrichen voll und schätzen zunehmend die geschmacklichen Erlebnisse eines langsam aufgezogenen Tieres. Voraussetzung dafür ist allerdings, dass man Fleisch von dieser Qualität auch gut zubereiten kann. In der Regel hat es nämlich einen deutlich geringeren Wasseranteil und ist von der Struktur her wesentlich fester. Man muss also unbedingt wissen, aus welchem Teilstück man welches Gericht kochen will. Liegt man hier daneben, wird das Essen nicht gelingen und die Enttäuschung groß sein.

Bewusstes Entscheiden für ein artgerecht gehaltenes Tier und entsprechend durchdachte Zubereitung bedeuten nicht zwingend, dass man das Tier auch selber schlachten muss. Noch immer wird der Großteil der Tiere in speziellen Schlachthöfen geschlachtet. Gerade im Kleintierbereich sind es riesige spezialisierte Schlachthöfe, die täglich Unmengen von Kleintieren schlachten. Grundsätzlich ist anzumerken, dass im Hinblick auf die hygienischen Anforderungen hier strengste Maßstäbe angelegt werden. Der Stress, den die Tiere aber im Vorfeld erleiden, ist nicht zu unterschätzen. Bis die für die Rentabilität benötigten immensen Stückzahlen gefangen und diese oft über lange Wege transportiert wurden, treten nicht selten tierschutzrelevante Probleme auf – vom menschlichen Empfinden ganz zu schweigen. Die teilweise großzügige gesetzliche Auslegung im Hinblick auf den Transport und das Schlachten sind solchen Rahmenbedingungen geschuldet.

Die in diesem Buch gemachten Ausführungen zum Schlachten sind keinesfalls als Ersatz oder gar als Anklage gegen die Schlachthöfe zu sehen. Sie sollen dem Kleintierhalter die Vorgehensweise aufzeigen, wie er seine Tiere fachgerecht und so schonend wie möglich selbst schlachten kann. Schließlich hat sich ein gewisser Trend entwickelt und viele möchten die Fleischproduktion für ihre Eigenversorgung in der eigenen Hand behalten: von der Aufzucht der Tiere bis zum Schlachten und Verarbeiten. Auf der anderen Seite ist aber unendlich viel Wissen verloren gegangen. Wo sind heute die Omas und Opas, die den Jungen zeigen, wie es geht? Selbst Metzger lernen heute nicht mehr selbstverständlicherweise schlachten, denn das Berufsbild ist einem Wandel unterzogen und das Schlachten gehört unter Umständen nicht mehr zum festen Bestandteil der Ausbildung. Alle Kleintiere, die also heute auf den Markt gelangen, werden in Schlachthöfen geschlachtet.

Wie es jedoch ausgehen kann, wenn man schlachtet, obwohl man es nicht gelernt hat, konnte man schon mehrfach im Fernsehen sehen. Dort wird in verschiedenen Kanälen von Aussteigern und Auswanderern berichtet, die dann auf einmal schlachten. Arme Tiere, kann man da nur sagen! Wer noch nie beim Schlachten dabei war, tut am Anfang gut daran, sich zu informieren und eine erfahrene Person an seiner Seite zu haben. Sinnvoll ist es allemal, zunächst mehrmals zuzuschauen, um die nötigen Handgriffe besser verstehen zu können, und sich erst dann selbst ans Werk zu machen. Es wäre schade, würde das Wissen um die fachgerechte Schlachtung von Kleintieren verloren gehen. Gerade im Bereich der Selbstversorgung haben Geflügel und Kaninchen weiterhin einen absoluten Stellenwert und versorgen die Familie mit hochwertigen Lebensmitteln.

Geflügel

Von Huhn bis Wachtel: die verschiedenen Geflügelarten

Für viele Menschen ist Geflügel gleichbedeutend mit Hühnchen und eventuell noch Pute. An Weihnachten und Martini kommen einem vielleicht noch Gans und Ente in den Sinn. Geflügel ist aber viel mehr und vor allem ungemein vielfältig.

Oder wer denkt bei Geflügel an Perlhühner, Tauben oder Wachteln, vom Fasan ganz zu schweigen? Da gibt es sehr helles und sehr dunkles Fleisch, eher kurz- und eher langfaseriges. Und selbst das Huhn hat viel mehr zu bieten als Brathähnchen und Suppenhuhn.

>>>> Hühner

Das Geflügel Nummer eins ist unangefochten das Huhn. Wir haben in Deutschland heute einen Versorgungsgrad von mehr als 110 Prozent erreicht, wir produzieren also mehr Hühnerfleisch als gegessen wird, sodass sogar noch Fleisch exportiert werden kann.

Bei keiner anderen Spezies ist die Spezialisierung wahrscheinlich auch nur ansatzweise so perfektioniert worden wie beim Huhn. Man denke nur an das millionenfache Töten von männlichen Küken am ersten Lebenstag. Gerade diese Vorgehensweise und viele Berichte über Haltungs- und Schlachtmethoden haben in den letzten Jahren dazu geführt, dass sich viele vom industriell gehaltenen und geschlachteten Geflügel abgewendet haben und ein gewisser Trend zur Selbstversorgung festzustellen ist.

Zunächst ist es sinnvoll, etwas Licht ins Dunkel zu bringen und die verschiedenen Bezeichnungen zu erklären. Als **Brathähnchen, Hähnchen, Poulet** oder auch **Broiler** werden männliche und weibliche junge Masttiere bezeichnet. Sie sind einen guten Monat alt und zeichnen sich in den dafür speziell herausgezüchteten Hybridlinien durch einen immens hohen Anteil an Schenkel- und vor allem Brustmuskelmasse aus. Sie verkörpern mit ihrem sehr hellen Fleisch unsere heute vorherrschende Vorstellung von Hühnerfleisch.

Poularden sind eine Variante des Hähnchens und werden etwas länger gemästet. Da hier die wertvollen Teilstücke noch üppiger sind, werden sie meistens zerteilt angeboten.

Eine früher sehr verbreitete Spezialität war das sogenannte **Stubenküken**. Vor allem in den norddeutschen Hansestädten war es sehr geschätzt. Dazu wurden Küken in der Stube aufgezogen und anschließend geschlachtet. Heute muss ein geschlachtetes Stubenküken weniger als 650 Gramm auf die Waage bringen, wobei Kopf, Innereien und die Läufe ab dem Fersengelenk nicht eingerechnet sind.

Als **Suppenhuhn** bezeichnet man 12 bis 15 Monate alte Legehennen. Aber auch wesentlich ältere Hennen und sogar Hähne kann man getrost als „Suppenhuhn" verwerten. Die Herren der Schöpfung haben allerdings meistens einen geringeren Fettanteil, auf den man bei den Suppenhühnern jedoch gerade Wert legt. Das Fleisch von Suppenhühnern ist fester als das von Brathähnchen, aber nicht zäh. Auch vom Geschmack her ist es kräftiger. Daher ist es nicht nur für Suppen, sondern auch für Ragouts und Geflügelsalate ideal.

Zusammenfassend kann man sagen, dass vor allem beim Hühnerfleisch ein gewaltiger Unterschied zwischen dem industriell produzierten und dem herkömmlich aufgezogenen besteht. Meistens ist es so, dass unsere Vorstellungen von Hühnerfleisch so stark beeinflusst sind, dass wir zunächst enttäuscht sind. Schließlich ist dieses Fleisch wesentlich fester in der Struktur und hat auch einen intensiveren Eigengeschmack. Auch muss die Zubereitung bei solchen Tieren unter Umständen etwas anders geschehen. Einmal aber auf den Geschmack gekommen, wird man gerade das besonders lieben.

>>>> Puten

Pute oder **Truthahn** – beide Bezeichnungen meinen dasselbe. Die Pute ist das größte und schwerste Tier auf dem Geflügelhof. Die Hähne der Mastlinien bringen es nicht selten auf mehr als 22 Kilogramm Lebendgewicht, sodass deren Schlachtung schon einiges an Erfahrung und Können bedarf. Sonst kann es schnell in einem Fiasko enden. Gerade beim Schlachten von Puten sollte man im Idealfall zu zweit sein. In der Rassegeflügelzucht sind wesentlich leichtere Putenschläge vorhanden. Da gibt es sogar regelrecht kleine Vertreter, die man getrost als „Familienpute" bezeichnen kann.

Putenfleisch ist sehr mager und man spricht von sieben verschiedenen Fleischsorten an einer Pute. Denn neben dem sehr hellen Brustfleisch hat die Pute noch mehr zu bieten. So ist das Schenkelfleisch recht dunkel und auch geschmacklich weicht es vom üblichen Putenfleisch ab. Überhaupt wird man zu Beginn verwundert sein, wie anders eine langsam aufgezogene Pute schmeckt. Mit dem normalen Fleischgenuss, wie er aus der wirtschaftlichen Putenmast bekannt ist, hat es jedenfalls nicht viel zu tun. Hinzu kommt, dass solches Putenfleisch wesentlich fester ist.

Dieser beeindruckende Bronzeputer zeigt, welche Dimensionen diese Geflügelart erreichen kann.

Aufgrund der immensen Fleischmenge, die eine Pute liefert, wird sie in der Regel zerlegt und dann die entsprechenden Teilstücke einzeln verwertet. Wer sie dennoch am Stück zubereiten will, sollte sich zuerst nach einem entsprechenden Bräter und auch Backofen umsehen. Die modernen Gerätschaften sind für solche Dimensionen meistens nicht mehr ausgelegt.

>>>> Gänse

Gänse gehören zum sogenannten Fettgeflügel. Denn mit zunehmendem Alter und Gewicht lagern sie mehr Fett ein als beispielsweise Hühner, was aber auch die Zartheit erhöht. Das überschüssige Fett lässt sich ideal zum bekannten Gänseschmalz verarbeiten. Der hohe Fettanteil verwundert vielleicht etwas, da sich Gänse doch hauptsächlich von Gras ernähren, während die ebenfalls zum Wassergeflügel zählenden Enten reichlich Körner fressen.

Gänsefleisch ist eher dunkel und kräftig im Geschmack. Auch wenn bei uns Gänsefleisch fast ausnahmslos um Martini und Weihnachten gegessen wird, kann man es ruhig auch das ganze Jahr über genießen. Die ursprüngliche „Gänsezeit" war nämlich eher der Zusatzverwertung der Federn geschuldet und lag weniger am Geschmack. Aufgrund des höheren Fettgehalts ist die Gans aber mit Sicherheit nicht gerade für hochsommerliche Temperaturen geeignet, wenngleich es hier ziemlich stark auf die Zubereitungsart ankommt.

Die Gans ist aufgrund ihrer Größe für die Zubereitung in Teilen – anstatt als Braten im Ganzen – eigentlich ideal. Doch man braucht sich nichts vorzumachen: So groß, wie man auf den ersten Blick meint, ist die Fleischmenge bei Weitem nicht. An der Aussage „Eine Gans ist ein komisches Tier – für eine Person zu viel, für zwei zu wenig" ist viel Wahres dran, auch wenn der Spruch auf üppige Fleischesser gemünzt ist. Doch Gans ist nicht gleich Gans. Es gibt verschiedene Rassen, die im Gewicht ganz unterschiedlich sind. In der Regel stammen die Gänserassen von der Graugans ab, sodass sie größere Fettmengen einlagern können. Die von der Schwanengans abstammenden Höckergänse sind diesbezüglich etwas schlanker und magerer im Fleisch. Bezüglich der Ausstattung zum Braten sind sie der Pute ähnlich (siehe Seite 15 ff.).

>>>> Enten

Auch die Enten gehören zum Fettgeflügel, haben aber schon immer einen höheren Stellenwert in der Küche gehabt als Gänse. Für ihre Haltung ist Wasser unverzichtbar, weshalb man sie auch als Wassergeflügel bezeichnet.

Das Fleisch ist dunkel und kann je nach Rasse im Geschmack etwas variieren. Je dunkler das Fleisch, desto kräftiger ist es im Geschmack, so die Grundregel.

Enten gibt es in verschiedenen Gewichtsklassen, sodass je nach Familiengröße die richtige Auswahl getroffen werden kann. Es ist allerdings darauf zu achten, ob es sich um Abkömmlinge der Stockente oder der Moschusente handelt. Mit Ausnahme der **Warzenente**, die auch als **Flug-, Stumm-** oder **Baumente** bekannt ist, stammen alle Entenrassen von der Stockente ab. Bei der Warzenente ist der Erpel wesentlich schwerer als die Ente. Dazu haben Warzenenten deutlich weniger Fett und einen üppigeren Brustmuskel. Das ist der Tatsache geschuldet, dass Warzenenten recht gute Flieger sind. Im Handel werden die Schlachtkörper von Warzenenten als sogenannte **Barbarieenten** angeboten.

Alle anderen Enten, wobei die **Pekingente** wohl die bekannteste ist, haben etwas mehr Fetteinlagerungen als die Warzenente. Da Fett als Geschmacksträger dient, ist das Fleisch dieser Rassen sehr gut. Vor allem die Haut wird bei richtiger Zubereitung schön knusprig. Das Unterhautfett dringt entweder in das Fleisch ein, sodass dieses saftig bleibt, oder setzt sich ab. Dann kann es abgeschöpft und zum Beispiel zu Entenschmalz verarbeitet werden.

Bei den **Mularden**, die man immer wieder in den Tiefkühltheken antrifft, handelt es sich um nichts anderes als Kreuzungen zwischen „normalen“ Enten und Warzenenten. Dabei hat man versucht, die Vorteile beider Ausgangstiere zu vereinen. Der wahre Entenkenner wird aber immer zum Ursprung greifen.

>>>> Perlhühner

Die heute bei uns gehaltenen Perlhühner stammen alle vom wildlebenden Helmperlhuhn ab. Von der Größe entsprechen sie einem Haushuhn. Die in der Perlhuhnmast eingesetzten Linien erreichen ein Schlachtgewicht von rund

Perlhühner sehen auf den ersten Blick etwas gewöhnungsbedürftig aus, haben aber immer etwas zu sagen.

1,3 bis 1,5 Kilogramm. Die bei Rassegeflügelzüchtern gehaltenen Perlhühner sind etwas schlanker.

Perlhühner stellen eine Art Bindeglied zwischen Haus- und Wildgeflügel dar. Das Fleisch ist sehr dunkel und hat eine zarte, feine Struktur. Auf den ersten Blick wirkt der Schlachtkörper etwas ungewohnt, wenn das dunkle Fleisch durch die helle Haut scheint. Unter Umständen kann es da zu Verwechslungen mit Fasanen kommen.

Da Perlhühner den ganzen Tag auf Achse sind, bilden sie einen hohen Anteil an Brust- und Schenkelmasse aus. Darüber hinaus ist der Fettanteil im Fleisch bei Perlhühnern nicht besonders hoch.

>>>> Fasane

Der Fasan gehört eindeutig zum Wildgeflügel, auch wenn er heute überwiegend im Ausland in großen Gehegen gezüchtet und gehalten wird. Vor allem in Kanada wurden sehr große Fasane gezüchtet, während sie bei uns doch einiges kleiner sind. Sie alle stammen vom Edelfasan mit all seinen Unterarten ab. Landläufig spricht man bei uns auch vom Jagdfasan, da er zum jagdbaren Wild gehört.

Bei Fasanen sind die Gewichtsunterschiede zwischen den Geschlechtern deutlich. Während es der Hahn auf ein gutes Kilogramm bringt, muss man bei der Henne etwa 200 bis 250 Gramm weniger einrechnen.

Obwohl zum Wildgeflügel gehörend, ist Fasanenfleisch relativ hell. Auch von der Struktur her ist es zunächst ein wenig gewöhnungsbedürftig, da es etwas langfaserig ist. Geschmacklich wird es von Kennern aber immer wieder gelobt, wobei eine Anlehnung an das Perlhuhn durchaus zu erkennen ist.

>>>> Tauben

Taubenfleisch gehört zur Feinschmeckerküche. Der geringe Fettgehalt lässt es auch als Diabetikerfleisch gelten. Besonders groß ist bei ihnen der Brustmuskel. Das Gewicht variiert je nach Rasse und auch geschmacklich sind zum Teil Unterschiede festzustellen. Vor allem bei älteren Tieren und solchen mit sehr dunklem Fleisch schmeckt das Fleisch etwas nach Leber. Aus eigener Erfahrung kann ich aber sagen, dass dieser Lebergeschmack je nach Zubereitungsart gar nicht hervortritt.

In der Regel werden nur junge Tauben gegessen. Sie sind zwischen 25 und 30 Tage alt und werden direkt aus dem Nest kommend geschlachtet. Um einen sauberen Schlachtkörper zu erhalten, sollten die Federn an den Körperseiten vollkommen ausgereift sein. Aus alten Tauben lässt sich aber noch eine sehr schmackhafte Suppe kochen, die der Hühnersuppe in nichts nachsteht.

Bei uns angebotene Tauben stammen meistens aus großen Farmen in Osteuropa. In Deutschland gibt es keine Masttaubenproduktion in größerem Umfang.

>>>> Wachteln

Die Wachtel ist der kleinste Hühnervogel und der einzige, bei dem die Henne schwerer ist als der Hahn. Auch wenn die Mehrzahl der bei uns im Handel angebotenen Wachteln aus Frankreich und Italien stammt, nimmt bei uns die Wachtelhaltung zu. Je nach Zweck werden entweder Lege- oder Mastwachteln gehalten. Da Wachteln an sich schon klein sind, sollte man zum Schlachten mehrheitlich die Masttypen heranziehen. Geschmacklich sind die kleineren Legewachteln aber identisch.

Am besten werden Wachteln noch vor der Geschlechtsreife geschlachtet: die Henne mit fünf, der Hahn mit sechs Wochen. Wachtelfleisch ist fettarm, hat einen leichten Wildgeschmack und ist sehr zart.

Tauben können meistens bei Züchtern in der Region erworben werden.

Das Fleisch

Geflügelfleisch kann ungemein vielfältig sein! Je nach Geflügel- und Zubereitungsart hat man jedes Mal ein anderes Geschmackserlebnis. Aber auch innerhalb einer Geflügelart kann es bei gleicher Zubereitung von Rasse zu Rasse geschmackliche Unterschiede geben.

Das gilt im Besonderen für das Huhn – auch wenn man das durch die industriell produzierten Hähnchen im Supermarkt und das daraus resultierende uniforme Produkt namens „Hähnchenfleisch" kaum glauben mag. Die kulinarischen Unterschiede zwischen den Rassen sind zum Teil gravierend. Ein berühmtes Beispiel ist das Bresse-Huhn aus Frankreich. Es hat sich inzwischen europaweit den Status einer kulinarischen Köstlichkeit erobert. Für Insider gibt es aber viele weitere Rassen, die die gleiche Fleischqualität liefern und im Gegensatz zum Bresse-Huhn auch nicht traditionell gemästet werden, zum Beispiel Deutsche Lachshühner, Sundheimer oder Sussex. Hier lohnt es sich, genau hinzuschauen und die Hühnerrasse nach den eigenen Vorlieben auszuwählen. Denn Geflügel ist bei Weitem nicht gleich Geflügel!

Auch noch in einer anderen Hinsicht ist diese Aussage zutreffend: Wurde in früheren Zeiten meistens das Geflügel als Ganzes zubereitet, hat in den letzten Jahren ein Umdenken stattgefunden – auf einmal werden auch Teilstücke zubereitet. Gerade bei sehr großem Geflügel kann dann auf die unterschiedliche Fleischstruktur der einzelnen Teile Rücksicht genommen und das passende Stück zum passenden Gericht gewählt werden. Schließlich würde wohl auch beim Rind niemand auf den Gedanken kommen, ein Bauchstück kurzzubraten.

Ich würde mir wünschen, dass stets alle Teile vom Geflügel verwertet werden. Gerade beim Selberschlachten und der entsprechenden Lebenseinstellung wird hoffentlich kaum jemand anscheinend weniger wertvolle Teilstücke wegwerfen. In diesem Zusammenhang möchte ich eine kleine Begebenheit schildern: Immer wenn ich Tauben geschlachtet habe, machte ich mir so meine Gedanken, ob es sich überhaupt lohnt, die Flügel vollständig zu rupfen – schließlich ist wirklich nicht viel Fleisch daran. Seit ein paar Jahren veranstalten wir im Freundeskreis in einem Restaurant regelmäßig ein Taubenessen, wobei ich die Tauben liefere. Unter den mehreren Gängen mit Taubenfleisch sind bei den Gästen die Flügel immer ganz besonders beliebt – und die viel gerühmte Brust wird einfach als lecker hingenommen. Es kommt darauf an, was man daraus macht, scheint hier die Devise zu sein.

Man kann nur jedem raten, hier vielfältig zu experimentieren und immer wieder Neues auszuprobieren. Es wäre schade, wenn die Unterschiedlichkeit von Geflügel im industriellen „Einheitsbrei" untergehen würde.

>>>> Hautfarbe

Nahezu alle Hühnerrassen haben eine helle Haut. Dennoch wirkt sie aufgrund der Farbe des Fetts unter der Haut etwas unterschiedlich. Das gilt übrigens sowohl für große Hühner als auch für entsprechende Zwerghuhnrassen. Gerade in der privaten Geflügelhaltung sind Zwerghühner nämlich immer mehr im Kommen.

Die Regel ist heute weißes Fett und helle Haut. Der Schlachtkörper erscheint dadurch sehr hell und appetitlich – jedenfalls ist das aufgrund des im Handel angebotenen Hähnchenfleischs so in unserem Verständnis. Übrigens ist dies auch bei den klassischen Fleischrassen wie beispielsweise Deutschen Lachshühnern, Sundheimern, Orpington und Sussex so. Man kann daraus schließen, dass schon unsere Vorfahren sich ein Brathähnchen so vorgestellt haben.

Im Normalfall haben sie auch eine fleischfarbene, helle Lauffarbe. Als Lauf bezeichnet man die Beine vom Fersengelenk bis zu den Zehenspitzen. Hühnerrassen mit blauer beziehungsweise grauer Lauffarbe haben ebenfalls eine helle Haut und wirken auf den Betrachter noch „kühler". Auch sie haben weißes Fett. Zu diesen Rassen gehören zum Beispiel die Bresse-Hühner. Bei ihnen lässt man die Läufe meist auch am Schlachtkörper dran, sodass der Gourmet die besondere Hühnerrasse sofort identifizieren kann. Es ist sozusagen das Markenetikett.

Bei gelben Läufen ist auch das Körperfett gelb. Das hat wie gesagt Auswirkungen auf die Hautfarbe. Sie hat einen deutlichen gelben Schein. Dadurch wirkt der ganze Schlachtkörper viel farbintensiver.

Je nach Haut-, Fleisch- und Fettfarbe wirkt der Schlachtkörper eines Huhnes ganz unterschiedlich.

Das gelbe Körperfett bestimmt übrigens auch die Farbe einer gekochten Suppe: Die gelben Fettaugen wurden geradezu zum Sinnbild einer guten Hühnersuppe. Es verwundert deshalb nicht, dass man gerade gelbfettige Rassen, wie Rhodeländer, Deutsche Wyandotten, Welsumer, Barnevelder usw., für diese Spezialität nimmt.

Exoten unter den Hühnern sind Seidenhühner und Cemani. Sie haben eine stark bläuliche, die Cemani sogar eine schwarze Haut. Auf den ersten Blick wirkt das sehr gewöhnungsbedürftig und für nicht wenige sogar abstoßend. Schließlich erwartet man vom Schlachtkörper eines Hähnchens etwas anderes.

Beim anderen Geflügel, vor allem auch beim dunkelfleischigen, hat die Federfarbe zum Teil ganz starken Einfluss auf die Hautfarbe. Während helle Federn eine helle Haut nach sich ziehen, ist sie bei dunklen oder gar schwarzen

Federn wesentlich pigmentierter. Da der Handel wie gesagt helles Fleisch bevorzugt, besitzen die Wirtschaftslinien dieser Arten meistens weiße Federn. Hinzu kommt, dass weiße Federn natürlich auch einen hellen Federkiel haben. War das Gefieder nicht völlig ausgereift und es bleiben nach dem Rupfen Kiele zurück, fällt das optisch weniger auf als bei dunklen Federn. Bei dunklen „Stoppeln" würde das Fleisch beim Händler an Wert verlieren.

>>>> Fleischfarbe und -struktur

Hühnerfleisch ist hell. Diese Tatsache scheint festzustehen. Eine Ausnahme davon machen die dunkelhäutigen Rassen wie Seidenhühner und Cemani; sie haben nämlich auch deutlich dunkleres Fleisch. In Südostasien gilt dieses dunkle Hühnerfleisch als ausgesprochene Delikatesse. Andere Länder, andere Sitten. Bei uns haben jedenfalls die meisten Menschen ihre Probleme damit, sofern sie wissen, dass es sich um Hühnerfleisch handelt. Geschmacklich jedenfalls sind zwischen hellem und dunklem Hühnerfleisch keine Unterschiede festzustellen.

Von der Fleischstruktur und -festigkeit gibt es zwischen den Hühnerrassen jedoch gewaltige Unterschiede. Hier muss man sich gedanklich vom industriellen Hähnchen-Einerlei ganz schnell verabschieden. Mehr als 200 verschiedene Rassen haben hier deutlich ihre Spuren hinterlassen. Da hier so ziemlich jeder seine eigenen Vorlieben hat, gilt „Probieren geht über Studieren!". Bei Hühnern kann man sich vielleicht daran orientieren, dass die Kämpferrassen und deren Abkömmlinge eher über ein festeres Fleisch verfügen, während die klassischen Fleischrassen eher weicheres Fleisch besitzen.

Enten und Gänse haben zwar grundsätzlich dunkles Fleisch, doch ist der Fettanteil zwischen den Rassen recht unterschiedlich. So hat die klassische Pekingente doch einen ganz üppigen Fettansatz, während Warzenenten hier kaum etwas zu bieten haben. Mit den veränderten Kundenwünschen in heutiger Zeit ist deshalb der Rückgang der Pekingente durchaus zu verstehen. Noch schwerer haben es diesbezüglich die Gänse. Konnte eine Gans zum Beispiel früher nicht fett genug sein, man wollte schließlich auch Gänseschmalz haben, ist auch hier heute eine Tendenz zu eher mageren Rassen festzustellen. Dazu zählen zum Beispiel die Höckergänse.

Die Gänse- und Entenrassen mit einem hohen Fettanteil sind übrigens meistens besonders kurzfaserig und saftig im Fleisch. Um diese geschmacklichen Feinheiten zu erleben, gehört allerdings die richtige Zubereitungsart unbedingt dazu. Denn das Mahl auf dem Teller kann immer nur so gut sein, wie das Ausgangsprodukt und nicht zuletzt die Zubereitungsart.

Bei Perlhühnern und Wachteln sind die Unterschiede in Fleischfarbe, -struktur und Fettanteil bei Weitem nicht so ausgeprägt wie bei den anderen Geflügelarten. Das liegt vor allem daran, dass diese Arten nicht auf breiter Basis züchterisch bearbeitet wurden und dass einzelne Rassen oder Typen kaum vertreten sind.

Gänse liefern neben saftigem und feinfaserigem Fleisch auch Federn und Fett.

Die Federn

„Drittens aber nimmt man auch, ihre Federn zum Gebrauch. In die Kissen und die Pfühle, denn man liegt nicht gerne kühle." – diesen Spruch aus Wilhelm Buschs „Max und Moritz" kennt wohl jeder.

Auch wenn immer mehr künstliche Füllstoffe in die Betten kommen, haben die guten alten Federbetten noch immer ihre Berechtigung und sind beim Schlafkomfort unerreicht. Die sogenannte Eiderdaune, also die **Daune** der wildlebenden Eiderente, ist noch heute das Maß aller Dinge, wenn es um Isolierung und Komfort geht.

Gänse- und Entendaunen sowie -federn machen aber auch heute noch den Großteil der Bettfüllungen aus. Die mediale Berichterstattung in der Vergangenheit hat deren Ruf aber nachhaltig gestört. Und zwar ging es dabei nicht um die Eignung der Federn, sondern vielmehr um die Art der Gewinnung. Da wurde das Lebendraufen gezeigt, wie es heute wohl praktiziert wird, obwohl das Tierschutzrecht dies EU-weit verbietet. Dabei wird Gänsen und Enten mit unvorstellbarer Grobheit ein Großteil des Gefieders herausgerissen und die dadurch zwangsweise entstehenden großen Wunden kurzerhand ohne Betäubung genäht. Es versteht sich von selbst, dass eine solche Vorgehensweise weder mit dem Tierschutz noch mit unserem Empfinden von einem ethisch verantwortungsvollen Umgang mit Tieren zu vereinbaren ist.

Man braucht sich aber nichts vorzumachen. Das Lebendraufen, auch **Lebendrupf** genannt, war früher die Regel, wenngleich die Vorgehensweise eine völlig andere war. Ich kann mich noch gut erinnern, als ich mir vor etwa 30 Jahren auf einem Markt zwei junge Gänse kaufte. Sie liefen bei uns im Garten und blühten richtig auf. Für meine Oma, damals schon eine ältere Frau, war es klar, dass sie kommt, um die Gänse zu raufen. Sie machte sich also auf die mehr als 100 Kilometer lange Fahrt und nahm bei ihrer Ankunft eine Gans in die Hand. Sie prüfte das Federkleid am Bauch und sagte sofort, dass wir noch zwei Wochen warten müssten. Also kam sie später wieder und raufte die Gänse. Die Federn ließen sich dabei spielend leicht herauszupfen und die Gans hat in keiner Weise geschrien oder Panik gehabt. Anschlie-

Gänsefeder aus dem Bauchbereich (links) und eine darunter liegende Volldaune (rechts).

ßend wurden die Federn in einen leeren Kissenbezug gefüllt und in einer Gartenhütte gelagert. Nach dem zweiten Raufen nach etwa 10 Wochen wurden die Federn dann in ein Fachgeschäft für Bettenreinigung gebracht und ein Kinderbett daraus genäht. Unsere Kinder jedenfalls haben wunderbar darin geschlafen. Ich möchte mit diesen Ausführungen keinesfalls den Lebendrupf verteidigen. Aufgrund der benötigten Federmengen wäre eine solche Vorgehensweise gar nicht möglich, würde man mit den herrschenden Dumpingpreisen mithalten wollen. Mir ist es aber wichtig, dass man das Kind nicht gleich mit dem Bad ausschüttet und die Sache differenzierter betrachtet.

Nachdem der Lebendrupf heute verboten ist, hat die Gewinnung von Federn beim Schlachten wieder eine größere Bedeutung gewonnen. Gerade die Federn von Gans und Ente sind ideal geeignet. Hühnerfedern, wie sie früher vor allem bei ärmeren Menschen in die Kissen kamen, haben heute wohl ausgedient.

Um Federn weiterverarbeiten zu können, ist der **Trockenrupf** nötig. Das heißt, dass das geschlachtete Geflügel nach dem Ausbluten nicht gebrüht werden darf. Das Trockenrupfen mit der Hand nach dem Ausbluten ist schon ein gewisser Kraftakt, vor allem wenn mehrere Tiere auf einmal geschlachtet werden. Üblicherweise werden die Federn vom Brust- und Bauchbereich verwendet, wobei man sich anatomisch verdeutlichen muss, was beim Geflügel Brust und Bauch sind. An den Körperseiten sind die Schenkelfedern auf jeden Fall stehen zu lassen; deren Kiele sind schon zu kräftig. Je nach anfallender Federmenge sind die Deckfedern und die darunterliegenden eigentlichen Daunen zu trennen. Bei Einzeltieren kann man sie ruhig mischen, also von vornherein gemeinsam in einen Bettüberzug geben. Denn noch heute ist diese Aufbewahrungsart ideal. Sollen später noch weitere Federn hinzukommen, sollte man die bereits gerupften derweil trocken und gut durchlüftet lagern. Für die spätere Weiterverarbeitung ist es ratsam, bereits im Vorfeld nach einem Bettenfachgeschäft Ausschau zu halten, wo man die Federn reinigen und anschließend zu gewünschten Produkten umarbeiten lassen kann.

Wer regelmäßig eine größere Anzahl von Gänsen oder Enten schlachtet und die Federn weiterverwenden will, der kann mit dem Gedanken spielen, sich eine **Trockenrupfmaschine** anzuschaffen. Unter Umständen kann eine solche Maschine auch für mehrere Halter gemeinsam eine Lösung sein.

Bei der Federgewinnung ist natürlich auf große Sauberkeit zu achten. Das Ausbluten (auch Blutentzug genannt, siehe Seite 69) hat an einem anderen Ort als das Rupfen zu geschehen und es ist peinlichst darauf zu achten, dass das Gefieder nicht verschmutzt wird. Auch müssen die Federn vollständig „trocken im Kiel“ sein. Damit ist gemeint, dass die Kiele trocken und fest sind, sich also kein Wachstumssekret oder gar Blut darin befindet. Sonst kann es zu Fäulnis kommen und die ganze Arbeit war umsonst.

Wo wird geschlachtet?

Für die Menschen in früheren Zeiten war das Schlachten im täglichen Leben präsent, und zwar von den Kleintieren bis hin zum Großvieh. Vor allem die ältere Generation kann sich bestimmt noch an die Hausschlachtung von Schweinen erinnern.

Da wurde die Waschküche zur Wurstküche umfunktioniert und der meistens mit grünlicher Ölfarbe gestrichene Boden wurde aufgrund des Fettes zur Rutschbahn.

Kleintiere hingegen wurden in der Regel im Freien getötet. An einer Holztüre waren häufig zwei Nägel eingeschlagen, an die das Kaninchen zum Fellabziehen und Ausnehmen aufgehängt wurde. In einer Ecke des Gartens, meistens in der Nähe des Kompost- oder Misthaufens, stand der Holzklotz, auf dem so manches Federvieh einen Kopf kürzer gemacht wurde. Auch das Rupfen fand oft dort statt, sodass die Federn gleich Teil des organischen Kreislaufs werden konnten. Lediglich das Ausnehmen wurde wieder in die Waschküche verlegt, da hier fließendes Wasser zur Verfügung stand.

Es wurde damals also kein großes Aufsehen beim Schlachten von Kleintieren gemacht. Etwas überspitzt formuliert hing fast an jeder Ecke ein abgezogenes Kaninchen oder es wurde Geflügel gerupft. Für die Menschen war es alltäglich und niemand nahm daran Anstoß.

Das Schlachten von Tieren wird heutzutage häufig tabuisiert, aus unserem Bewusstsein verbannt und in Schlachthöfe verlegt, wo es Menschen übernehmen, die man nicht kennt. Noch heute ist natürlich nichts dagegen einzuwenden, sein Huhn im Garten zu schlachten. Nur muss man sich darüber im Klaren sein, dass man vermutlich von Passanten oder Nachbarn darauf angesprochen wird. Sonderbarerweise muss man sich dann fast immer rechtfertigen. Im gleichen Atemzug erklären einem die Personen dann, dass sie gerade auf dem Weg zum Metzger sind, um ein Stück Fleisch fürs Mittagessen einzukaufen. Das ist schon paradox. Wie dem auch sei, wir leben in einer veränderten Gesellschaft, die nicht selten doppelzüngig urteilt.

>>>> Schlachtraum

Wo man schlachtet, ist jedem selbst überlassen. Einen eigenen Schlachtraum, also einen Schlachthof im Kleinen, werden sich wohl die wenigsten einrichten wollen und können. Das lohnt sich eigentlich nur, wenn der Platz zur Verfügung steht und wirklich stattliche Tierzahlen geschlachtet werden. Für den gewöhnlichen Kleintierhalter, der hin und wieder ein paar Tiere schlachtet, ist das nicht nötig.

Dennoch ist es sinnvoll, wenn man ein paar Voraussetzungen schafft, die das Schlachten erleichtern. Ich möchte hier ein paar Aspekte aufführen, die wohl dem Ideal entsprechen. Inwieweit sie sich vor Ort umsetzen lassen, muss jeder selbst schauen. Bei einer baulichen Veränderung sollte man auf jeden Fall über Kosten, Aufwand und Nutzen genau nachdenken. Je länger man schlachtet, desto mehr perfektioniert man sein Umfeld. Man braucht also nicht gleich alles zu Beginn anzuschaffen.

- **Wasser:** Da beim Schlachten fast immer eine mehr oder weniger große Wassermenge benötigt wird, ist ein Wasseranschluss mit Kalt- und Warmwasser auf jeden Fall zu empfehlen. Eine Einhandmischbatterie hat den Vorteil, dass eine einmal eingestellte Wassertemperatur beibehalten wird und nicht ständig nachjustiert werden muss. Ein Waschbecken ist ebenfalls empfehlenswert. Edelstahl ist am hygienischsten und eigentlich ewig haltbar. Eine normale Haushaltsspüle mit zwei Becken und einer Ablage genügt hier vollauf. Ein Kunststoff- oder Keramikbecken erfüllt natürlich den gleichen Zweck. Grundsätzlich sind eckige Becken mit einer höheren Tiefe ovalen vorzuziehen.
- **Strom:** Ein Stromanschluss für diverse Gerätschaften ist auf jeden Fall sinnvoll. Bei Steckdosen ist natürlich darauf zu achten, dass sie für einen Feuchtraum geeignet sind – hier ist der Elektriker der passende Ansprechpartner, der auch eventuell nötige Änderungen vornimmt. Auf jeden Fall muss die eigentliche Steckdose mit einem Klappdeckel verschließbar sein.
- **Wandfliesen:** Der Wandbereich um das Waschbecken sollte wegen der Sauberkeit großzügig gefliest sein. Weiße Fliesen sind hierfür noch immer am besten geeignet, sie hellen das Umfeld auf. Wer einen Schlachttrichter an der Wand installiert, sollte natürlich auch hier entsprechend fliesen. Überhaupt ist es ratsam, bodentief zu fliesen und auch unter der Decke nicht allzu viel Platz frei zu lassen.

Man wird verwundert sein, wo man überall Blutspritzer findet und deshalb putzen muss.

- **Bodenbelag:** Auch hier haben sich Fliesen bewährt. Auf jeden Fall muss bei der Auswahl auf die höchste Rutschhemmstufe geachtet werden. Sonst ist die Rutsch- und Verletzungsgefahr zu hoch. Beim Umgang mit scharfen Messern ist ein sicherer Stand das A und O. Selbstverständlich ist auch ein glatter Estrichbelag geeignet. Für welchen Belag man sich auch entscheidet, er muss auf jeden Fall leicht zu reinigen und wasserbeständig sein. Wo immer es sich verwirklichen lässt, sollte ein Wasserablauf direkt im Boden eingeplant werden. Perfekt geeignet ist eine Ecke der Waschküche, an der ein solcher Ablauf eingebaut wurde. Bei der Schlussreinigung wird man die Vorteile schnell zu schätzen wissen.
- **Arbeitsfläche:** Um Geflügel auszunehmen und abzulegen sowie die Läufe abzutrennen usw. muss eine Arbeitsfläche vorhanden sein. Für Metzgereien gibt es spezielle Edelstahltische, in die teilweise schnittfeste Arbeitsplatten eingelassen sind. So komfortabel braucht man es als Gelegenheitsmetzger natürlich nicht. Ein Stück Küchenarbeitsplatte reicht völlig. Die Stöße und Kanten müssen aber absolut wasserdicht verschlossen ein, da es sonst zum Aufquellen kommt. So lange nicht geschnitten wird, kann der Schlachtkörper direkt auf der Arbeitsplatte liegen und bearbeitet werden. Spätestens beim Schneiden wird aber eine schnittfeste Unterlage unverzichtbar sein (siehe Seite 56 ff.).
- **Schrank:** Um Schneidebretter, Messer und weitere Schlachtutensilien unterzubringen, ist ein Regal oder auch ein kleines Schränkchen günstig. Feuchte Gerätschaften dürfen auf keinen Fall in einen Schrank geräumt werden – Schimmelbildung wäre die Folge. Entweder man lässt sie vollständig abtrocknen oder trocknet sie mit einem sauberen Spültuch ab.
- **Beleuchtung:** Die gute alte Küchenleuchte mit zwei Leuchtstoffröhren ist gerade richtig. Mit ihr gewinnt man zwar keinen Schönheitswettbewerb, sie schafft aber genau die Helligkeit, die nötig ist.

Die Schlachtutensilien

Um fachgerecht schlachten zu können, braucht man unbedingt einige Utensilien. Manche Dinge sind dabei wichtiger als andere, einige sogar unverzichtbar. Bei der Auswahl der Gerätschaften sollte man auf jeden Fall auf Qualität achten, auch wenn der Preis vielleicht zunächst etwas höher liegt.

Das Schlachten und die Ehrfurcht vor dem Tier verbieten eigentlich jeglichen Versuch mit minderwertigen Utensilien.

Der Fachhandel für Metzgereien bietet alle notwendigen Gerätschaften. Wer nicht weiß, wo man diesen findet, kann seinen Metzger vor Ort danach fragen. Im Fachhandel bekommt man in der Regel bewährte Qualität. Da das Schlachten von Kleintieren bei den meisten wohl keine einmalige Sache bleiben wird, sind auch die etwas teureren Anschaffungen zu rechtfertigen. Wo immer es möglich ist, sollte man die Schlachtutensilien nur zu diesem Zweck verwenden und zum Beispiel nicht in der Küche in täglichem Gebrauch haben.

Der Umgang mit Geflügelfleisch setzt eine strenge Hygiene voraus, denn man weiß heute, dass Geflügelfleisch relativ leicht mit Salmonellen infiziert wird. Ein deutliches Zeichen beim Einkauf beim Metzger ist zum Beispiel, dass er für Geflügelfleisch eine separate Schneideunterlage und ein separates Messer verwenden muss. Auch im privaten Bereich muss man also auf Hygiene achten, um die möglichen negativen Folgen auszuschließen.

>>>> Messer

Scharfe Messer sind eine Grundvoraussetzung beim Schlachten. Aber nicht nur das: Sie müssen auch gut in der Hand liegen und für den entsprechenden Zweck geeignet sein. Messer ist nämlich bei Weitem nicht gleich Messer.

Aufgrund der Hygiene sollten die Messer ausnahmslos einen Kunststoffgriff haben. Sie sind wesentlich leichter zu reinigen als Messer mit Holzgriffen und haben deshalb auch in der Regel eine längere Nutzungsdauer.

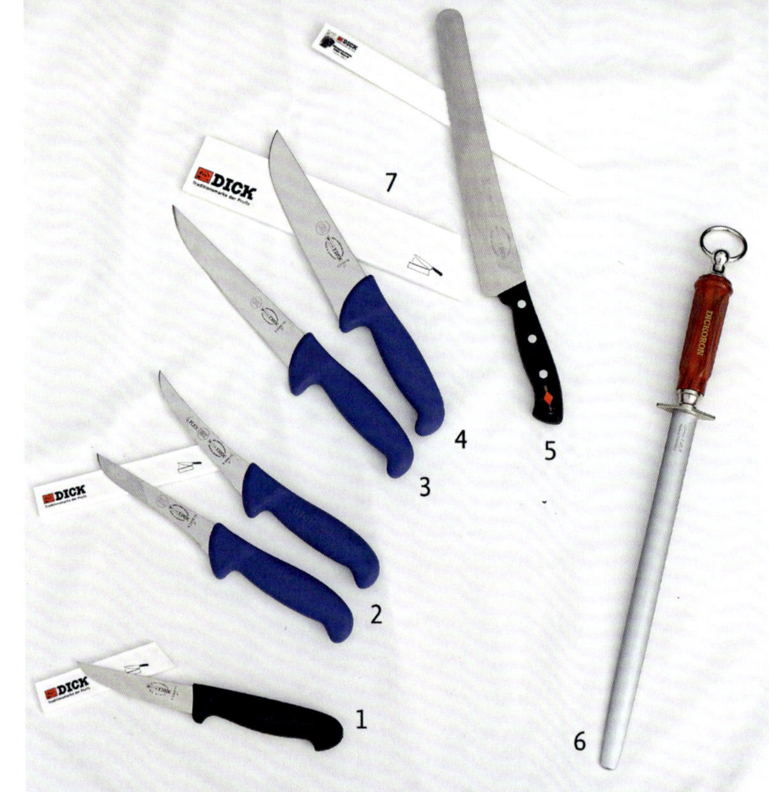

1 *Stechmesser*
2 *Ausbeinmesser*
3 *Universalmesser*
4 *Blockmesser*
5 *Universalmesser mit Wellenschliff*
6 *Wetzstahl*
7 *Klingenschutz*

1 *Beil*
2 *Blank Boy – Brettabzieher*
3 *Rapid Steel – Wetzstahl-Ersatz*
4 *Schnittschutzhandschuh*
5 *Küchenschere*
6 *Geflügelschere*
7 *Betäubungsgerät für Kleintiere bis 16 kg*
8 *Betäubungsgerät für Kleintiere bis 25 kg*

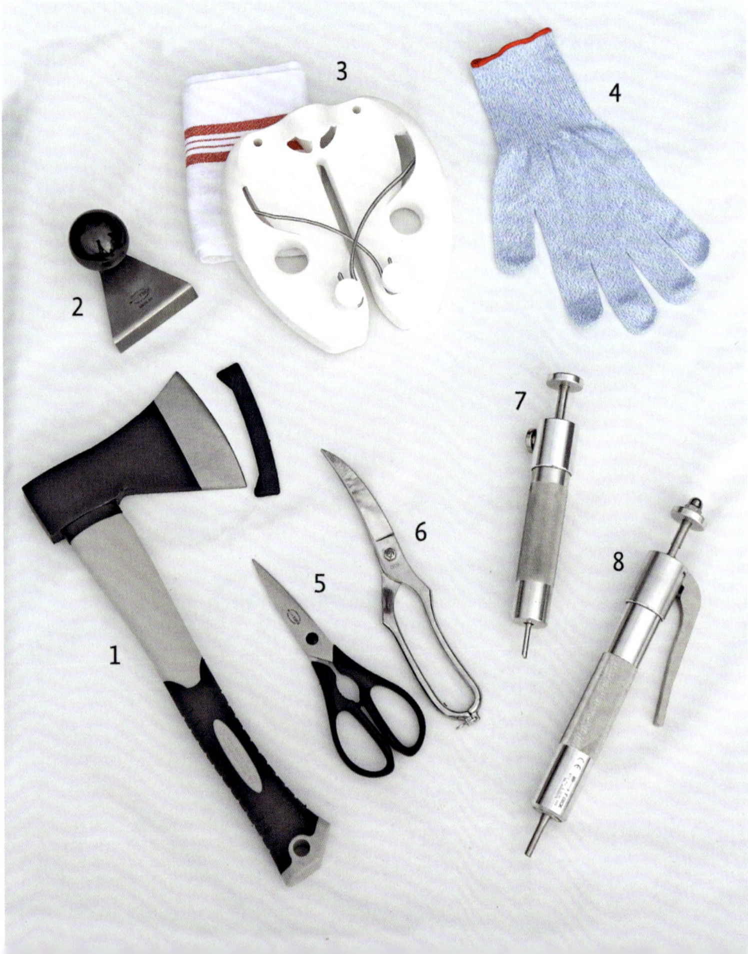

Einen guten Griff hat man nicht mit jedem Messer. Wenn sie also ein Messer kaufen wollen, nehmen Sie ruhig mehrere Exemplare in die Hand und entscheiden sich erst dann. Wer Geflügel schlachtet, braucht auf jeden Fall mehrere Messer:

- Ein sogenanntes **Universalmesser** ist die Basis. Es hat eine Klingenlänge von 15 bis 20 Zentimetern und wird zum Abtrennen der Füße genauso eingesetzt wie zum Öffnen der Bauchhöhle. Gerade dadurch ist die Beanspruchung der Schneide sehr hoch. Ein regelmäßiges Nachschärfen ist deshalb unverzichtbar. Wo immer möglich, sind zwei solcher Messer durchaus zu empfehlen.
- Je nach Schlachtmethode ist ein spezielles **Stechmesser** wichtig. Es hat eine kurze und gerade Klinge. Früher waren Stechmesser meistens beidseitig mit einer Schneide versehen. Diese Messer zählen heute als Waffe und sind daher als Schlachtutensil nicht mehr erlaubt. Die Stechmesser heutiger Variante haben nur eine einseitige Schneide. Beim Stechmesser ist immer auf absolute Schärfe zu achten.
- Wer Geflügel ausbeinen, also die Knochen vom Fleisch lösen will, dem ist ein **Ausbeinmesser** zu empfehlen. Es hat in der Regel eine weichere, flexiblere Klinge, sodass man auch um Knochen herum schneiden kann. Gerade für das Ausbeinen von Kleintieren hat sich ein solch flexibles Messer bewährt. Da es sich aber nicht vermeiden lässt, dass man auch einmal auf den Knochen schneidet, ist auch hier ein ständiges Nachschleifen wichtig.

Messer können gefährlich sein. Man sollte sie immer unter Verschluss halten. Erst recht, wenn Kinder zum Haushalt gehören, die die Schärfe nicht richtig einschätzen können.

Noch ein Tipp zum Abschluss: Die Messer sollten nie in der Spülmaschine gereinigt werden. Die Schneiden werden dabei ganz leicht umgebogen, sodass die volle Schärfe verloren geht. Am sinnvollsten ist es deshalb, die Messer von Hand, und zwar mit einem nicht zu aggressiven Reinigungsmittel zu putzen.

>>>> Möglichkeiten zum Messerschärfen

Um die Messer immer scharf zu halten, brauchen sie Pflege. Mindestens einmal jährlich sollte man sie richtig schleifen lassen. Am besten macht das ein Fachgeschäft. Wer Erfahrung hat, kann dies natürlich auch selber an einer Schleifmaschine machen. Aber aufgepasst: Schon viele Messer waren nach solchen Eigenaktionen nicht mehr gut zu gebrauchen. Es gehört nämlich eine gehörige Portion Erfahrung dazu!

Das gilt auch für den üblichen Wetzstahl, der noch immer am günstigsten ist. Bei ihm wird die Klinge über den Stahl gezogen, wobei die Schneide nicht senkrecht geführt werden darf. Das sogenannte Abziehen hat aber nichts mit dem eigentlichen Schleifen zu tun, es ist ein einfaches Nachschärfen der Klinge. Eine Alternative dazu ist der seit ein paar Jahren auf dem Markt vorhandene sogenannte Wetzstahl-Ersatz, für den man keine große Erfahrung braucht. Bei ihm wird das Messer zwei- bis dreimal durchgezogen. Er kostet meistens um die 50 Euro. Seinen Wert wird man aber schnell zu schätzen wissen.

>>>> Schnittschutzhandschuh

Scharfe Messer können massive Verletzungen hervorrufen. Vor allem für diejenigen, die nicht ständig damit zu tun haben und deshalb Routine fehlt. Aber selbst bei Berufsmetzgern passieren bedauerlicherweise immer wieder Unfälle mit schweren Verletzungen. Gerade beim Schlachten und Ausbeinen besteht ein erhöhtes Risiko.

Mit Schnittschutzhandschuhen lässt sich dieses deutlich verringern. Dabei handelt es sich um Handschuhe aus einem speziellen Gewebe. Das unterscheidet sie von Stechhandschuhen, die aus einzelnen Metallringen hergestellt sind. Schnittschutzhandschuhe lassen sich so tragen, dass es keinerlei Einschränkungen in der Beweglichkeit gibt. Sie lassen sich in der Waschmaschine waschen.

Üblicherweise trägt man immer nur einen Schnittschutzhandschuh, und zwar an der freien Hand, die nicht das Messer hält. Es gibt verschiedenen Standardgrößen zur Auswahl.

>>>> Schneidzange

In der Praxis hat sich eine Schneidzange beim Schlachten bewährt. Mit ihr kann man am Schlachtkörper zum Beispiel den vorderen Teil des Flügels entfernen oder den Hals kürzen. Mit etwas Übung lässt sich damit auch ein Fuß abtrennen – dazu sollte man allerdings genau ins Gelenk schneiden (siehe auch Seite 62 ff.).

Gut geeignet dafür ist eine handelsübliche Gartenschere, wie man sie zum Rosen- oder Rebenschneiden verwendet. Aus hygienischen Gründen sollte man sie aber dann auch nur fürs Schlachten verwenden. Eine Alternative – wenn der Schlachtkörper maximal Hühnergröße hat – kann eine stabile Haushaltsschere sein. Der Fachhandel bietet hierzu geschmiedete Exemplare an, die eine deutlich längere Lebensdauer haben. Selbst eine Geflügelschere, wie sie eigentlich zum Tranchieren verwendet wird, eignet sich.

> > > > Geflügelschlachtzange

Die Geflügelschlachtzange wird mit der Klinge in die Schnabelöffnung eingeführt, nachdem das Tier betäubt und am besten in einen Schlachttrichter gelegt worden ist. Beim Zudrücken durchschneidet die Schlachtzange die Schlagader. Dadurch blutet das Tier sehr stark aus.

Korrekt angewendet kann die Geflügelschlachtzange den klassischen Stich, wie er häufig beim Schlachten von Enten und Gänsen vorgenommen wird, erleichtern und sogar ersetzen. Übung gehört aber unbedingt dazu.

> > > > Bolzenschussapparat

Die Betäubung von Geflügel mit dem Bolzenschussapparat hatte bisher kaum Bedeutung. Mit Änderung der aktuellen Tierschutz-Schlachtverordnung hat sich dies grundlegend geändert. Seither darf Geflügel über fünf Kilogramm Lebendgewicht nicht mehr wie bisher üblich mit einem Stockschlag betäubt werden. Die zulässige Alternative ist der sogenannte penetrierende Bolzenschussapparat, dessen Bolzen in das Gehirn des Tieres eindringt und dessen Funktion zerstört. Die Funktionsweise des Apparates beruht auf Federkraft, sodass keine Munition benötigt wird. Vor allem bei Gänsen und Puten wird sich diese Art des Bolzenschussapparates mit Sicherheit noch weiter durchsetzen.

Die stumpfe Betäubung mit einem Bolzenschussapparat, der nur auf der Schädeldecke aufschlägt und nicht eindringt, ist nur bei Geflügel bis zu einem Lebendgewicht von fünf Kilogramm erlaubt. Darum muss man im Hinblick auf die aktuellen gesetzlichen Rahmenbedingungen achten (siehe auch Seite 118 ff.).

Die Funktion des Bolzenschussapparates ist selbstverständlich immer wieder zu überprüfen, gerade auch vor der nächsten Anwendung. Dabei ist es egal, um welche Variante es sich handelt. Der Bolzen muss jedes Mal wieder vollständig eingezogen werden. Aus Sicherheitsgründen muss man das Gerät so aufbewahren, dass Unbefugte auf keinen Fall Zugriff haben. Am besten geschieht dies wie mit den Schlachtmessern in einem abschließbaren Schrank.

>>>> Strom

In den Schlachthöfen wird der Großteil des Geflügels heute mittels Strom betäubt. Am bekanntesten ist das sogenannte Wasserbad. Für den privaten Bereich hat diese Betäubungsmethode keine Bedeutung. Auf keinen Fall darf in diesem Bereich experimentiert werden; das wäre für die beteiligten Personen lebensgefährlich.

Der Fachhandel bietet seit Neuestem ein System an, das vor allem für Puten und Wassergeflügel, also Gänse und Enten, sehr gut geeignet ist. Je nach zu betäubender Tierart kann hier die gewünschte Stromstärke vorgewählt werden. Aufgrund der hohen Anschaffungskosten kommt es aber wohl für den privaten Bereich kaum infrage. Für einen Betrieb, der größere Stückzahlen zum Beispiel über einen Hofladen vermarktet, ist seine Anschaffung gerade für die größeren Geflügelarten zu überlegen.

>>>> Beil

Ein scharfes Beil ist noch heute beim Schlachten von Kleingeflügel eines der wichtigsten Utensilien – es ist das Werkzeug, das tötet. Die Betonung liegt dabei eindeutig auf „scharf". Mit diesem Beil sollten also nach Möglichkeit nicht vorher mehrere Festmeter Holz gespalten worden sein. Und wenn, dann kann man auch ein Beil nachschleifen lassen.

Genauso wie bei einem Messer sollte man darauf achten, dass das Beil einem gut in der Hand liegt. Darüber hinaus ist auch auf das Gewicht zu achten. Ein zu schweres Beil ist nämlich schnell zu unhandlich. Mit einem leichteren Beil muss die Schlaggeschwindigkeit erhöht werden, um den gleichen Effekt zu erzielen. Gerade der Anfänger sollte sich für die Auswahl des Beiles Zeit nehmen.

>>>> Hackklotz

Wenn man den Geflügelkopf mit dem Beil abtrennt, muss ein geeigneter Hackklotz vorhanden sein, wie man ihn zum Holzspalten verwendet. Klassische Hackklötze lassen sich heute nicht mehr kaufen. Man könnte bei einem Forstwirt nachfragen, ob er einen aus einem Stamm herausschneiden kann. Man sollte aber darauf achten, dass er noch handlich ist. Die meisten Hackklötze haben Tischhöhe, sodass man sich nicht bücken braucht. Dadurch benötigt er aber einen größeren Durchmesser, um absolut standfest zu sein. Mindestens 30 Zentimeter im Durchmesser sollten es auf jeden Fall sein. Selbstverständlich kann der Hackklotz auch kürzer sein. Aber auch hier ist die Standfestigkeit das oberste Kriterium für die praktische Nutzbarkeit.

Um den Klotz möglichst lange nutzen zu können, sollte er Dauernässe so wenig wie möglich ausgesetzt sein. Normalerweise steht ein Hackklotz in einer Ecke des Gartens, wo er natürlich verwittert. Ist man mit dem Schlachten fertig, sollte man ihn mit viel Wasser abbürsten. Damit ist die Fliegen- und Wespenplage, die das Blut sonst geradezu magisch anzieht, zu verhindern. Sobald der Hackklotz vollständig abgetrocknet ist, wird er wasserdicht abgedeckt. Ein Kunststoffsack ist hierfür sehr gut geeignet.

Vor dem Schlachten sind Betäubungsstab, Beil und Hackklotz herzurichten.

>>>> Schlachttrichter

Die Geschichte vom ohne Kopf herumlaufenden oder gar herumfliegenden Huhn kennt wohl jeder – auch wenn das alles andere als wahr ist. Man braucht sich aber nichts vorzumachen: Das Festhalten von geköpftem oder gestochenem Geflügel kann sehr schwierig, bei schweren Gänsen und Puten fast unmöglich sein – ganz zu schweigen vom umherspritzenden Blut und der damit einhergehenden Verschmutzung. Hält man das Tier jedoch in einen Eimer, kann man das gut umgehen. Dennoch sollte das Festhalten eher dem fortgeschrittenen Schlachter vorbehalten sein.

Schlachttrichter sind dagegen auch für den Anfänger eine gute Lösung. Mit ihrer Hilfe gelingt das Schlachten wesentlich einfacher, da man das Tier beim Ausbluten nicht halten muss. Wer will, kann auf diese Weise auch das Blut auffangen und die Verschmutzung so auf ein Minimum beschränken.

Die Größe des Schlachtgeflügels bestimmt den zu wählenden Durchmesser des Schlachttrichters. Der landwirtschaftliche Fachhandel bietet sie in verschiedenen Größen an – je nach zu schlachtender Geflügelart. Es gibt sie von mehreren Anbietern, die Größen sind aber mehr oder weniger gleich. Sie beruhen auf Erfahrungswerten.

Gängige Schlachttrichtergrößen

Tierart	Höhe	Öffnung unten	Öffnung oben
Hähnchen/Hühner	23 cm	7 cm	19 cm
Schwere Hühner	28 cm	8 cm	23,5 cm
Enten und Gänse	32 cm	12 cm	31 cm
Leichte Puten und schwere Gänse	42 cm	14 cm	39 cm
Schwere Puten	58 cm	14 cm	50 cm

Schlachttrichter sind fast immer aus Edelstahl. Dies hat natürlich einen großen hygienischen Vorteil, leider sind sie nicht ganz billig. Die seit Neuestem angebotenen Schlachttrichter aus Kunststoff sind preiswerter. Die Praxis wird zeigen, ob sie sich durchsetzen. Wer Puten, Gänse und Enten schlachtet, wird auf Dauer um einen passenden Schlachttrichter nicht herumkommen.

Der Schlachttrichter wird am besten an eine geflieste Wand montiert, und zwar so hoch, dass die untere Öffnung etwa in Hüfthöhe ist. Vor allem wenn man das Geflügel stechen will, ist das ideal. Für die Befestigung gibt es spezielle Vorrichtungen. Sie sorgen dafür, dass der Schlachttrichter den nötigen Halt hat.

Wer im Freien schlachtet, kann den Trichter auch an einem Zaun o. Ä. befestigen. Günstig ist die Aufhängung in der direkten Nähe des Hackklotzes – sofern man einen einsetzt. Dann wird das Geflügel in den Schlachttrichter gegeben, wenn es bereits ausblutet.

>>>> Brühkessel und Brüheimer

Geschlachtetes Geflügel wird in der Regel in gut 60 °C heißes Wasser getaucht, um die Federn leichter entfernen zu können – sie werden gebrüht, sagt der Fachmann. Dazu braucht man ein größeres Gefäß für das Wasser. Ein sauberer Eimer ist dazu vollauf ausreichend, am besten eignen sich ovale Modelle mit großem Fassungsvermögen. Ich greife gern zu Kunststoffeimern mit 20 Liter Inhalt aus dem Baumarkt. Eventuell findet man auch Eimer aus Metall. Eimer sind für größere Hühnerrassen noch gut geeignet. Wer allerdings eine Gans oder eine Pute brühen will, braucht hierfür schon ein größeres Gefäß, zum Beispiel eine kleine Wanne.

Der Fachhandel hat spezielle Brühkessel aus Edelstahl im Angebot. Es gibt sie in verschiedenen Größen und mit einem Heizer ausgestattet. Mit dem Thermostat kann man die gewünschte Wassertemperatur einstellen. Leider sind solche Brühkessel sehr teuer, sodass sie sich für den normalen Hausgebrauch kaum lohnen.

Eine gute Alternative sind Einmachkessel. Sie sind wesentlich billiger und erfüllen den gleichen Zweck. Auch bei ihnen kann man die Wassertemperatur festlegen. Füllt man bereits auf dem Herd erhitztes Wasser ein, hat man die gewünschte Temperatur sogar recht schnell erreicht. Ein Blick auf die Heizungsanlage des Hauses und die dort angezeigte Temperatur für das Brauchwasser kann sehr sinnvoll sein. Mitunter kann nämlich das Wasser direkt aus der Leitung genommen werden und die weitere Aufheizung im Einmachkessel ist sehr gering. Das meist mitgelieferte Thermometer dient dann der Kontrolle.

>>>> Rupfmaschinen

Das Rupfen der Federn macht immer einen großen Teil des Schlachtens aus. Vor allem wenn man größere Mengen an Geflügel auf einmal schlachtet, kann das Rupfen mit der Hand eine immense Belastung für die Hände und Finger werden. Rupfmaschinen sind eine echte Entlastung. Man unterscheidet zwischen Trocken- und Nassrupfmaschinen:

- **Trockenrupfmaschinen** finden nur dort Anwendung, wo die Federn weiterverwendet werden sollen. Der trockene Schlachtkörper wird so an die Maschine gehalten, dass rotierende Scheiben die Federn herauslösen. Mit etwas Übung ist das kein Problem und die Haut wird nicht beschädigt. Die Maschine hat eine integrierte Federabsaugung, sodass die Federn gleich in einem Eimer oder Sack gesammelt werden. Die körperliche Belastung darf aber dennoch nicht unterschätzt werden, denn das Tier muss während des gesamten Rupfvorganges gehalten werden. Der Preis solcher Geräte startet bei etwa 1.500 Euro und macht sich daher nur bei häufigem Schlachten bezahlt. Da die Maschinen recht laut sind, sollte man zur Arbeit unbedingt Ohrenschützer aufsetzen.
- **Nassrupfmaschinen** findet man wesentlich häufiger als Trockenrupfmaschinen. Das Prinzip ist einfach: Das gebrühte Geflügel wird in eine rotierende Metalltrommel gelegt; an der Wand und am Boden sind sogenannte Gummifinger angebracht, die das Geflügel ständig in Bewegung halten und die Federn abstreifen. Je nach Modell muss die Rupfmaschine an einen Wasserschlauch angeschlossen werden. Dann läuft ein Schlauch am oberen Ende der Rupftrommel und gibt durch kleine Löcher ständig Wasser ab. Dadurch soll der Schlachtkörper möglichst schnell von den Federn abgespült werden. Alternativ sind die meisten Nassrupfmaschinen heute ohne diesen direkten Wasseranschluss, und zwar ohne negative Begleiterscheinungen, die man zunächst befürchtete. Wenn man zuvor die richtige Brühtemperatur eingehalten hatte, kommen die Schlachtkörper nach kurzer Zeit total federfrei und sehr sauber heraus. Allerdings darf man den Aufwand zum Reinigen der Rupfmaschinen nicht unterschätzen. Für ein paar Stück Geflügel ist er mit Sicherheit zu hoch. So richtig lohnen wird sich eine solche Maschine wohl erst, wenn man pro Tag mehr als 20 Tiere schlachtet, was in der hobbymäßigen Geflügelhaltung eher seltener der

Fall sein wird. Waren die Nassrupfmaschinen noch vor Jahren relativ teuer, hat sich das gewandelt. So gibt es heute Maschinen, die für rund 200 € zu haben sind und für den Privatgebrauch vollauf ausreichen. Ein größeres Problem ist für die meisten, wo sie die Rupfmaschine aufbewahren, wenn man sie nicht in Gebrauch hat. Die Größe sollte nämlich nicht unterschätzt werden.

- **Eine preisgünstigere Alternative** zu den eben beschriebenen Rupfmaschinen sind die seit ein paar Jahren erhältlichen Modelle, bei denen man den gebrühten Schlachtkörper an eine rotierende, mit Rupffingern bestückte Trommel hält. Die abgerupften Federn werden dabei nach hinten geworfen, sodass man eine solche Maschine am besten vor eine geflieste Wand stellt. Der Kraftaufwand ist aber deutlich höher als bei den Trommelmodellen. Schließlich muss man den Schlachtkörper während des Rupfvorganges ständig in der Hand halten.
- **Die kleinste Variante** einer Rupfmaschine kann auf eine Bohrmaschine gespannt werden. Obwohl ich selber noch keine Erfahrungen damit gemacht habe, weiß ich aus Erzählungen, dass der Erfolg meistens zu wünschen übrig lässt und man bei geringen Stückzahlen mit dem Handrupfen mindestens genauso schnell ist. Da lohnt sich die Anschaffung und das anschließende Putzen der Maschine meiner Meinung nach nicht.

Der Kauf einer Rupfmaschine sollte also gut überlegt sein. Denn die Vorteile kommen erst bei regelmäßigem Einsatz und bei größeren Stückzahlen an geschlachtetem Geflügel zum Tragen.

> > > > Rupfwachs

Einen sauberen und appetitlichen Schlachtkörper ohne verbleibende Federkiele erhält man nur, wenn das Gefieder vor dem Schlachten vollständig ausgereift war (siehe Seite 53). Hauptsächlich bei Gänsen und Enten ist der Körper nach dem Trockenrupfen häufig noch mit kleinen Daunen und Federhaaren besetzt. Mit Rupfwachs lassen sich diese mehr oder weniger leicht entfernen.

Bei der Methode des Nassrupfens besteht dieses Problem übrigens weniger stark. Denn hatte man die richtige Brühtemperatur, ist selten einmal ein Nacharbeiten nötig. Falls doch, lässt sich selbstverständlich auch dann Rupfwachs verwenden.

Im Fachhandel ist Rupfwachs als Kiloware in Form von Platten oder als kleine Kugeln zu bekommen. In einem Brühkessel bringt man das Wachs zum Schmelzen. Ideal ist es, wenn man das Wachs in einem Wasserbad erhitzt. Der Fachhandel bietet hierzu richtige Topf-in-Topf-Systeme an. Sie haben zwar einen stolzen Preis, sind aber in der Handhabung unschlagbar. Der gerupfte Körper wird darin eingetaucht, sodass sich über den ganzen Körper eine etwa ein bis zwei Millimeter dicke Wachsschicht legt. Danach wird er sofort in ein kaltes Wasserbad getaucht, damit das Wachs abkühlt. Nun lässt sich das Wachs mit den Händen abtragen und auf diese Weise die Feder- und Kielreste entfernen. Diese Wachsbrocken werden wieder in das Wachsbad gegeben, wo es sich erneut verflüssigt. Mit einem Schaumlöffel kann man dann die Kielreste und andere unerwünschte Partikel abschöpfen oder man gießt das Wachs durch ein Sieb.

Der Aufwand, den ein Wachsbad mit sich bringt, ist nicht zu unterschätzen. Man benötigt zusätzliche Kessel und muss nach dem Schlachten das Wachs aufbewahren. Zu guter Letzt braucht es einige Erfahrung, ehe das Ergebnis vollauf befriedigt. Für den Hausgebrauch eignet sich auch ein Gasbrenner zum Abbrennen der Federhaare oder man behilft sich manuell mit spitzen Fingern oder einer Pinzette.

>>>> Gasbrenner

Wenn man Geflügel trockenrupft, bleiben wie bereits erwähnt fast immer ein paar Federhaare oder Daunen übrig; beim Nassrupfen sind in den seltensten Fällen Federhaare übrig (siehe Seite 53). Treten sie auf, sollte man sie unbedingt entfernen! Wer nicht zum Rupfwachs greifen möchte, nimmt einen Gasbrenner mit austauschbarer Gaspatrone. Der Schlachtkörper wird dazu schnell drehend über die offene Flamme gehalten, so werden die Haare abgesengt. Hat man nassgerupft, sollte man den Schlachtkörper zuvor vollständig abtrocknen lassen. Auf jeden Fall muss man beim Umgang mit dem Gasbrenner die Sicherheitsvorschriften genau einhalten und die Gebrauchsanweisung zuvor lesen.

>>>> Schneideplatten

Um die Arbeitsplatte beziehungsweise die Tischplatte beim Schneiden nicht zu beschädigen, haben sich Schneideplatten aus Kunststoff bewährt. Sie sind äußerst strapazierfähig, leicht zu reinigen und in verschiedenen Größen und Farben erhältlich. Anti-Rutsch-Knöpfe an der Unterseite sorgen für einen festen Halt.

Solche Schneideplatten sind im Metzgerei-Fachhandel zu bekommen. Sie sind hinsichtlich der Qualität den üblichen Brettern im Einzelhandel weit überlegen. Ihre Anschaffung lohnt sich also sehr schnell und man kann sich die Arbeit ohne sie schon bald nicht mehr vorstellen. Sie sind sehr einfach und hygienisch zu reinigen. Ein sogenannter Schneidbrettabzieher aus Edelstahl ist dabei eine große Hilfe. Mit ihm wird die Schneideplatte zusätzlich geglättet und Unebenheiten werden beseitigt.

Noch eine Anmerkung zum Schlachten von Geflügel: Hier sind im Hinblick auf die Hygiene Schneidebretter aus Holz absolut tabu – das gilt übrigens auch für die Küche: Geflügelfleisch gehört nicht auf Holzbretter!

>>>> Schlachtschürze

Es versteht sich von selbst, dass man zum Schlachten nicht die neueste Kleidung trägt. Blut usw. würde unweigerlich Spuren hinterlassen. Vor allem beim Rupfen ist eine Schlachtschürze Gold wert, besonders wenn eine größere Menge Wasser mit ins Spiel kommt. Eine Schlachtschürze besitzt ein abwaschbares Obermaterial und reicht vom Brustlatz ausgehend bis fast zu den Knöcheln. Damit ist die Kleidung optimal geschützt. Es gibt auch Einmalschürzen aus Polyethylen, sie sind aber mit der klassischen Schlachtschürze nicht zu vergleichen und erfüllen in den seltensten Fällen ihren Zweck. Man erhält sie entweder im Metzgerei-Fachhandel oder Landwirtschafts-Zubehörhandel.

>>>> Gummistiefel

Beim Schlachten sollte man idealerweise Gummistiefel tragen. Der Fachhandel bietet spezielle Gummistiefel mit rutschfester Sohle an. Sie sind so ausgelegt, dass sie noch einen guten Halt bieten, auch wenn der Boden fettig und schmierig ist. Nach jedem Einsatz müssen sie unbedingt vollständig gereinigt werden, wobei ein besonderes Augenmerk auf die Sohlen gelegt werden muss.

>>>> Eimer

Beim Schlachten sollte man immer mindestens einen Eimer parat haben. Selbstverständlich kann man gebrauchte Kunststoffeimer verwenden, die immer wieder gereinigt werden. Bei der Auswahl der Eimer ist darauf zu achten, dass sie stabiler als die üblichen Haushaltseimer sind. Auch sollte der Kunststoff nicht brüchig sein.

Aus eigener Erfahrung weiß ich, dass zur kurzzeitigen Aufbewahrung des fertig geschlachteten Geflügels ein weiterer großer Eimer oder eine Wanne von Vorteil sind. Dies vor allem dann, wenn man noch ein weiteres Tier schlachten will. Aus hygienischen Gründen sollten die Behältnisse nur für diesen Zweck verwendet werden. Der Fachhandel bietet äußerst robuste Wannen und Gefäße an. Auch wenn diese etwas teurer sind als die aus dem Haushaltsgeschäft, wird man deren Wert bald zu schätzen wissen.

>>>> Fleischhaken

Um das küchenfertig hergerichtete Tier zum Abtrocknen und Auskühlen aufzuhängen, sind die üblichen Fleischhaken, die auch als Metzgerhaken bekannt sind, ideal. Sie gibt es im Zehnerpack und in verschiedenen Größen.

>>>> Reinigungsmittel

Spätestens nach dem Schlachten muss alles geputzt werden. Bürsten aus Kunststoff und fettlösliche Reiniger sind dazu unverzichtbar. Während als Reiniger ein handelsübliches Spülmittel vollauf reicht, sollte man bei der Bürste genauer auswählen. Bei ihnen müssen die Borsten und der Griff aus Kunststoff sein.

Beim Reinigen muss auch die Bürste selbst sauber gemacht werden. Blut-, Fleisch- und Fettreste darin werden sonst mit der Zeit zersetzt, sodass die Bürste nicht mehr zu gebrauchen ist, von der Geruchsbelästigung ganz zu schweigen. Hier ist wirklich Pingeligkeit angesagt! Auch sollte man die Bürste immer wieder austauschen.

Es geht los: erste Schritte

Kaum eine Tätigkeit wird so zwiespältig gesehen wie das Schlachten. Wenn man an die Sache herangeht, sollte man dies durchaus bewusst und zielstrebig tun. Der Mensch ist dem Tier überlegen. Man kann es auch anders formulieren: Das Tier ist dem Menschen ausgeliefert.

Dieses besondere Verhältnis muss man sich immer vor Augen führen, wenn es ans Schlachten geht. Es wäre dem Tier gegenüber nicht fair und auch vom Tierschutzgedanken her unverantwortlich, Experimente zu machen. Ethisches Handeln und die Ehrfurcht vor dem Tier müssen immer im Vordergrund stehen.

>>>> Der richtige Zeitpunkt

Zuerst höre ich auf mein Bauchgefühl. Obwohl man als Hobbymetzger möglicherweise regelmäßig schlachtet und dementsprechend Erfahrung hat, gibt es Tage, an denen es einfach nicht so richtig passt. Hier liegt der Unterschied zwischen Freiwilligkeit und Beruf. Ich persönlich kann nur jedem empfehlen, hier auf sein Gespür zu vertrauen. Wenn man nicht in „Stimmung" ist, sollte man das Schlachten besser vertagen.

Darüber hinaus gibt es aber auch noch andere Parameter, die ich beim Schlachten nach Möglichkeit berücksichtige. Die Hausschlachtung wurde in früheren Zeiten im Spätherbst durchgeführt. Und das aus gutem Grund: Dann sind die Temperaturen meistens kühler als im Sommer und das Fleisch verdarb nicht so schnell. Durch unsere modernen Kühlmöglichkeiten passiert hier eigentlich nichts mehr. Bei allzu heißem Wetter schlachte ich dennoch nicht gern. Vor allem, wenn man mehrere Tiere schlachten will und brühen muss, wird der Wasserdampf im Raum schnell sehr lästig. Dazu kommen bei solchen Temperaturen schnell Fliegen und Wespen. Sind die Temperaturen niedriger und es regnet vielleicht sogar, hat man hiermit keine Schwierigkeiten. Ist es also nicht zwingend notwendig, an einem heißen Tag zu schlachten, dann verschiebe ich den Schlachttermin.

Wichtig ist auch, den Schlachttermin auf die Reife des Gefieders abzustimmen. Nur wenn das Gefieder ausgereift war, stecken nach dem Rupfen keine Federkiele mehr in der Haut. Um das zu überprüfen, schiebt man die Federn an verschiedenen Körperpartien etwas zur Seite. Dann ist der Blick zur Haut frei und man erkennt problemlos, ob noch unausgereifte Federkiele vorhanden oder die Federn noch nicht ganz ausgereift sind.

>>>> Gut vorbereitet starten

Bevor man mit dem eigentlichen Schlachten beginnt, sollte man alle nötigen Utensilien bereitlegen. Nichts nervt mehr, als wenn man während des Schlachtens noch Dinge holen oder gar erst suchen muss. Hier macht es sich bezahlt, wenn man alle Dinge zum Schlachten griffbereit und an einem Ort aufbewahrt hat. Unter Umständen ist die Erstellung einer Check-Liste sinnvoll. Jedoch: Je mehr man schlachtet, desto mehr Routine bekommt man. Dinge, über die man sich am Anfang noch große Gedanken gemacht hat, gehen später in Fleisch und Blut über. Selbstverständlich werden die Armbanduhr und eventueller Schmuck, besonders Ringe, abgelegt.

>>>> Auf dem Weg zum Schlachten

In der Regel wird geraten, die Tiere vor dem Schlachten nicht zu füttern – sie sollen nüchtern sein. Ich vertrete hier eine andere Ansicht: Gerade wenn die Tiere gefressen haben, fühlen sie sich wohl. Bei Geflügel hat ein voller Kropf noch einen weiteren Vorteil: Die mehreren Häute, aus denen der Kropf besteht, lassen sich auf diese Weise komplett und sehr einfach entfernen.

Während Schlachttiertransporte immer wieder in der Kritik stehen, haben wir als „Hausmetzger" den Vorteil, dass der Transport kein Problem darstellt. Der Weg vom Stall zum Schlachtort ist meistens äußerst kurz. Dennoch sollte man ihn mit dem Tier so zurücklegen, dass es nicht eingeengt wird und möglichst wenig Stress erfährt. Eine handelsübliche Transportkiste ist hierfür am besten geeignet.

Hühner, Perlhühner, Fasane, Tauben und Wachteln schlachten

Obwohl Geflügel sehr vielfältig ist, sind beim Schlachten fast immer die gleichen Schritte zu tun. Lediglich Puten machen aufgrund ihrer Größe und Wassergeflügel wegen des besonderen Gefieders eine Ausnahme.

Ich werde auf das Schlachten von Gänsen, Enten und Puten deshalb auf den Seiten 67 ff. und 74 ff. gesondert eingehen. Im Folgenden beschreibe ich, wie man Hühner, Perlhühner, Fasane, Tauben und Wachteln schlachtet. Diese Tiere können problemlos von einer Person allein geschlachtet werden.

>>>> Die Betäubung

Die Betäubung des Tieres ist der erste Schritt des eigentlichen Schlachtprozesses. Es findet der Übergang vom Tier zum Fleisch, vom Lebewesen zum Lebensmittel statt. Bis zu

Mit einem kräftigen Schlag auf den Kopf können Kleintiere bis 5 Kilogramm Lebendgewicht betäubt werden.

einem Lebendgewicht von fünf Kilogramm darf das Tier mit einem stumpfen Schlag auf den Kopf betäubt werden. Am besten nimmt man dazu einen Hartholzstab. Sehr gut geeignet ist ein Stiel, zum Beispiel von einem schweren Hammer oder einem Beil.

Hühner, Perlhühner und Fasane hält man am besten so, dass man die Läufe und Flügel zusammenführt und in einer Hand hat. In der anderen Hand hält man den Schlagstock und haut kräftig auf den Hinterkopf des Tieres. Da Tauben und Wachteln deutlich kleiner sind, kann man hier das Tier in seiner Gesamtheit in der Hand halten, ehe man es auf die gleiche Weise betäubt.

>>>> Das Schlachten

Zwei Methoden des Tötens gibt es nun: das Abtrennen des Kopfes oder den Schnitt in die Kehle. Will man **den Kopf abtrennen**, ist das Tier unverzüglich nach der Betäubung mit einem Beil auf einem Hackklotz zu enthaupten. Die Betäubung erfolgt also am besten direkt neben dem Hackklotz. Der verantwortungsbewusste Schlachter hält das Tier anschließend fest, bis keine Muskelreaktion mehr erkennbar ist. Das kann je nach Tier recht unterschiedlich stark und lang sein. Das Tier hält man während des Ausblutens am besten über einen bereitgestellten Eimer, in den man zuvor etwas kaltes Wasser gefüllt hat. Durch das Wasser kann der Eimer anschließend einfacher gereinigt werden, da das Blut darin gelöst ist.

Die Alternative zum Festhalten ist der Schlachttrichter. Direkt nach der Enthauptung wird der Schlachtkörper mit dem Hals nach unten zum Ausbluten in den Schlachttrichter gesteckt. Vor allem bei größeren Tieren ist das sinnvoll. Unter dem Schlachttrichter steht dann der Eimer mit etwas Wasser.

Entscheidet man sich für einen **Kehlschnitt** als Schlachtmethode, ist der Schlachttrichter nach meinem Dafürhalten unverzichtbar. Nach der Betäubung wird das Tier gleich mit dem Kopf nach unten dort hinein gesteckt, und zwar so, dass der Kopf und ein Teil des Halses aus der unteren Öffnung herausragen. Während eine Hand das Tier am Kopf etwas nach unten und hinten drückt, wird mit einem Messer ein Schnitt von einer Seite der Kehle zur anderen geführt. Selbstverständlich muss das Messer dafür besonders scharf sein.

Links: Nach der Betäubung wird das Geflügel auf den Hackklotz gelegt und mit einem Beil geköpft.

Rechts: Der Kopf ist abgetrennt und der Schlachtkörper kann nun zum Entbluten über einen Eimer gehalten werden.

Setzen sie das Messer satt an und schneiden sie mit einem energischen Schnitt den Hals auf. Um größere Blutspritzer zu vermeiden, halte ich das Tier während des Ausblutens weiterhin am Kopf. Sind keine Muskelreaktionen mehr festzustellen, wird das Tier wieder aus dem Schlachttrichter genommen und der Kopf vollends abgetrennt. Am besten geschieht dies mit einer Zange oder man schneidet mit einem scharfen Messer direkt zwischen den Halswirbeln.

Aufgrund ihrer geringen Größe sollte man Tauben und Wachteln nicht den Kopf abhacken, sondern mit einem Kehlschnitt ausbluten lassen. Sonst wäre die Verletzungsgefahr unter Umständen zu groß. Früher hat man diesen kleinen Geflügelarten deshalb nach der Betäubung mit einem kräftigen Ruck den Kopf abgetrennt.

>>>> Das Rupfen

Es gibt zweierlei Wege zum Entfernen der Federn: Entweder wird der Schlachtkörper gebrüht und nassgerupft oder er wird trockengerupft.

- Beim **Nassrupfen** wird der Schlachtkörper, nachdem keine Muskelreaktion mehr festzustellen ist und der Kopf eventuell abgetrennt wurde, in das vorbereitete Brühwasser eingetaucht. Informationen zum Brühkessel oder -eimer habe ich auf Seite 41 zusammengestellt.
- Je nach Geflügelart sollte das Wasser eine entsprechende Temperatur haben. Ist es zu kalt, lassen sich die Federn kaum entfernen. Ist das Wasser zu heiß, kommt es zu Verbrühungen der Haut. Bei einer Wassertemperatur von guten 60–65 °C kommt man bei Hühnern, Perlhühnern, Fasanen, Tauben und Wachteln sehr gut zurecht. (Enten und Gänse brauchen eine andere Wassertemperatur, siehe Seite 70.)
- Der Körper wird am besten an den Läufen festgehalten und mehrmals vollständig ins Wasser eingetaucht und gedreht. Bei kleineren Schlachtkörpern, wie zum Beispiel Tauben und Wachteln, kommt der ganze Körper ins Wasser. Mit einem Holzstab sollte man die Tiere darin wenden und komplett untertauchen. Dieser Stab kann dann auch beim Herausnehmen helfen.
- Die Angabe einer Zeitdauer beim Brühen halte ich nicht für sinnvoll. Die Federstruktur unterscheidet sich von

Links: An den Läufen gehalten, wird das Geflügel mehrfach unter Wasser getaucht. Ein Holzstab hilft beim Untertunken.

Rechts: Lassen sich die Federn am Schenkel so leicht lösen, ist der richtige Zeitpunkt gekommen: Jetzt kann das ganze Tier gerupft werden.

Geflügel zu Geflügel stark. Das Gefieder soll zum Schluss vollständig durchnässt und das Wasser bis zur Haut vorgedrungen sein. Bei manchen Federfarben braucht dies etwas länger. Das hängt unter anderem auch mit einer unterschiedlichen Menge an Staub in den Federn zusammen – vor allem Tauben sind für eine erhöhte Federstaubbildung bekannt. Meistens muss hier die Brühdauer erhöht werden. Ein kleiner Schuss Spülmittel im Brühwasser kann ebenfalls helfen, die Federfette und den Federstaub besser zu lösen. Bei zu viel Spülmittel und zu intensivem Tauchen kann es dann aber auch zu einer unschönen Schaumbildung kommen. Selbstverständlich muss dann der Schlachtkörper am Schluss intensiver gespült werden.

› Ich persönlich tendiere beim Abschätzen der Brühdauer immer zur Probe: Wenn sich die Federn im Bereich des Schenkels gut lösen lassen, klappt es meistens auch am Rest des Schlachtkörpers. Sobald diese Federn leicht herausgehen, nimmt man den Schlachtkörper aus dem Wasser. Hat man ein Waschbecken, legt man den Körper am besten dort hinein. Ansonsten hebt man ihn weiterhin an den Läufen.

Links: An den Flügeln greift man am besten mit Daumen und Zeigefinger zu und schiebt die Federn zur Flügelspitze.

Rechts: Nach dem Rupfen sollte der Schlachtkörper im Grund federfrei sein.

- Mit der gesamten Hand werden anschließend die Federn ausgerupft. War die Wassertemperatur richtig, werden die Federn lediglich mehr oder weniger abgestreift. Doch Achtung: Das Tier ist durch das Brühwasser zu Beginn noch sehr heiß – man muss also darauf achten, sich nicht die Finger zu verbrennen. Man sollte jedoch so „heiß" wie möglich rupfen.
- Am schwierigsten ist das Entfernen der Federn am Flügel. Das geht am besten, wenn man den Flügel direkt am Körper mit Daumen und Zeigefinger umgreift und zur Flügelspitze hinausstreift.
- Die Federn sammelt man am besten in einem Eimer, in den die gesamten Schlachtabfälle kommen.
- Zum Schluss sollte man den Schlachtkörper kurz unter kaltem fließendem Wasser abspülen. Dann erkennt man auch sofort, ob alle Federn entfernt sind. Wurde Spülmittel ins Brühwasser gegeben, muss das Abspülen länger und gründlicher erfolgen.
- Kann man auf eine Nassrupfmaschine zurückgreifen, wird der Schlachtkörper gleich nach dem Brühen in die Rupftrommel gegeben oder an die Rupfwalze gehalten. Vor allem bei Nassrupfmaschinen mit Rupftrommel funktioniert der Rupfvorgang besser, wenn gleichzeitig mehrere Tiere hineingegeben werden. Auch wenn der Schlachtkörper nach dem maschinellen Rupfen sehr sauber ist, sollte er dennoch gründlich abgespült werden.

Das **Trockenrupfen** ist eine Alternative zum Nassrupfen. Es wird eigentlich nur bei Tauben oder bei Enten und Gänsen durchgeführt, wenn man deren Federn nutzen will. Nach dem Ausbluten werden die Federn ohne vorheriges Brühen mit einem kräftigen Ruck aus der Haut gezogen. Am besten geschieht dies „mit dem Strich", also in der Wuchsrichtung der Federn. Erfahrung und ein Gefühl für die Sache braucht man schon. Wird zu kräftig trockengerupft, kann es zu Rissen in der Haut kommen, was man natürlich verhindern sollte. Besonderes Fingerspitzengefühl ist bei den kleinen Federn am Flügel nötig. Sie sitzen sehr fest.

Nach dem Trockenrupfen bleiben meistens noch ein paar Federhaare übrig. Am sinnvollsten ist es, wenn man diese mit einem Gasbrenner abbrennt; bei größeren Mengen an geschlachteten Tieren kann man auch Rupfwachs verwenden (siehe Seite 43 ff.).

Noch ein Wort zu **Federkielen in der Haut**: Wünschenswert ist natürlich, nur dann zu schlachten, wenn das Gefieder bereits ausgereift ist – dann bleiben keine Federkiele nach dem Rupfen in der Haut. Konnte man den Schlachttermin nicht darauf abstimmen, kann es vorkommen, dass sich noch Kiele zeigen – beim Trockenrupfen deutlich mehr als beim Nassrupfen. Das sieht nicht schön aus und wirkt vor allem bei dunkelfedrigen Tieren unappetitlich. Die Kiele sollte man also unbedingt entfernen.

Sind es nur wenige, kann man sie mit dem Fingernagel oder einer Pinzette entfernen. Um ein Abbrechen zu verhindern, muss man immer in Wuchsrichtung ziehen. Da man beim Schlachten meistens recht aufgeweichte Hände hat, fehlt einem zu diesem Zeitpunkt fast immer das nötige Gefühl. Meine Lösung: Man schlachtet vollständig weiter und kühlt den Schlachtkörper dann durch. Nach ein paar Stunden geht das Entfernen der Kiele viel leichter.

Sind viele Federkiele vorhanden, steht der Aufwand beim einzelnen Auszupfen kaum in einem Verhältnis zum Ertrag. Hier können das Tauchbad in warmem Wachs (siehe Seite 43 ff.) oder auch das Abziehen der Haut mitsamt der Federn wesentlich sinnvoller sein.

>>>> Alternative: Haut abziehen

Wer die Haut sowieso nicht mitkochen oder braten will, für den kann das Abziehen eine echte Alternative sein. Denn dann kann das Rupfen vollständig entfallen. Das Abziehen der Haut beim Geflügel gelingt leicht – bei jungen Tieren noch leichter als bei älteren.

- Man legt den Schlachtkörper auf den Rücken und hebt die Haut am Brustbein leicht an.
- Mit dem Messer wird nun ein Schnitt in die Haut gemacht, und zwar so groß, dass man mindestens mit den beiden Daumen hineinkommt. Danach wird die Haut mitsamt den Federn zur Seite gezogen.
- Mit etwas Übung wird die Haut dann auch gleich über die Schenkel gezogen, sodass der Schlachtkörper mehr oder weniger vollkommen enthäutet ist. Die Haut am Rücken wird dann in Richtung Hals gezogen.
- Lediglich im Bereich der vorderen Flügelspitzen bleibt manchmal noch etwas Haut hängen. Da hier aber sowieso kaum Fleisch ist, kann man diese auch abschneiden.

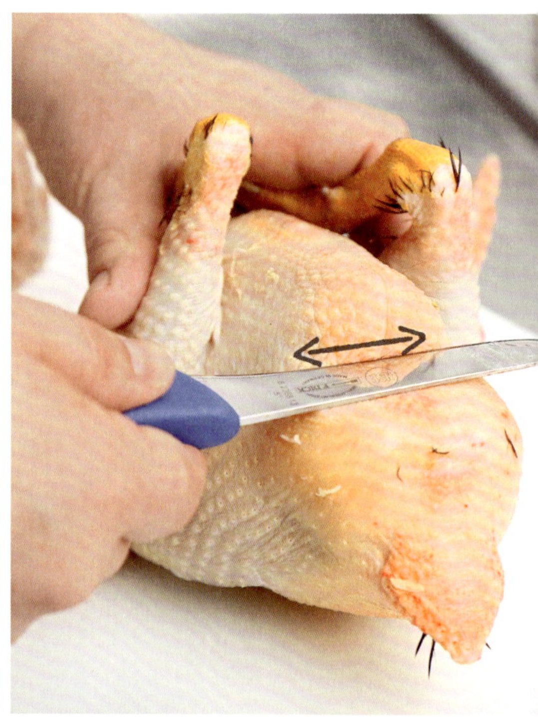

Links oben: Beim Längsschnitt wird vom Brustbeinende zur Kloakenöffnung hin geschnitten.

Rechts oben: Beim Querschnitt setzt man das Messer direkt unterhalb des Brustbeinkamms an.

Beide Schnittvarianten dürfen nicht zu tief gehen, damit die Därme nicht verletzt werden.

>>>> Die Bauchhöhle öffnen

Nachdem das Geflügel gerupft ist, geht es ans Öffnen der Bauchhöhle, damit man das Tier ausnehmen kann. Bevor man damit anfängt, sollte man eventuell vorhandenen Kot im Darm entleeren. Dazu legt man den Schlachtkörper wieder auf den Rücken und drückt mit dem Daumen etwa fünf Zentimeter über der Kloake in den Bauch. Der Kot tritt dabei aus der Kloake aus. Eventuelle Verschmutzungen sind natürlich sofort zu reinigen und man sollte sich die Hände gründlich waschen.
Um die Bauchhöhle zu öffnen, gibt es zwei Schnittführungen:

- **Beim Längsschnitt** nimmt man das Messer und setzt es direkt am Brustbeinende an und schneidet in Richtung Kloake. Um eine Verletzung des Darms zu verhindern, sollte das Messer nicht zu tief geführt werden. Ob man links oder rechts von der Kloake vorbeischneidet, ist dabei völlig egal.
- **Beim Querschnitt** wird das Messer direkt hinter dem Brustbein angesetzt und quer geschnitten. Vor allem bei Tieren mit erhöhtem Bauchfettanteil, wie bei Suppenhühnern, aber auch bei Gänsen und Enten, muss der Schnitt etwas tiefer gehend ausgeführt werden.
- **Beim Quer-Längsschnitt** handelt es sich um eine Kombination der beiden zuvor genannten Schnittvarianten. Dadurch erreicht man die größtmögliche Öffnung der Bauchhöhle.

Ich empfehle, alle drei Varianten auszuprobieren und dann die persönlich passende auszuwählen. Bei einer breiteren Hand ist der Querschnitt wahrscheinlich praktikabler. Will man das Geflügel später zum Verzehr wieder „füllen", ist der Längsschnitt praktikabler.

>>>> Ausweiden

Das Ausweiden ist nicht selten der Punkt beim Schlachten, vor dem vor allem Anfänger am meisten Angst haben. Schließlich muss man mit der Hand in den Tierkörper und die Innereien samt Gedärm greifen. Wer damit ein Problem hat, kann Einmalhandschuhe anziehen. Wichtig ist, dass der Schlachtkörper dabei noch Restwärme hat. Der Griff in eine abgekühlte Bauchhöhle ist nämlich noch unangenehmer.

Beim Ausweiden fixiert eine Hand den Schlachtkörper und die andere Hand dringt so weit wie möglich in die Bauchhöhle vor. Die Finger werden dabei an der Bauchdecke entlang geführt.

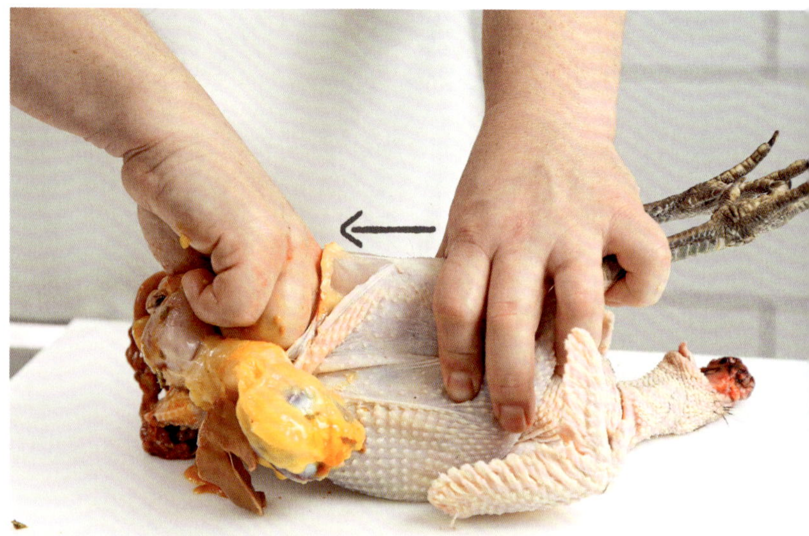

Mit einem kräftigen Zug werden die Innereien und das Gedärm nach hinten rausgezogen.

- Beim Ausweiden wird das Geflügel auf den Rücken gedreht. Man fährt mit der Hand, den Handrücken oben, direkt unter dem Brustbein in den Körper hinein, und zwar bis zum Ende des Körpers. Nun wird die Hand etwas nach unten gekippt und die gesamten Gedärme samt Innereien mit einem kräftigen Ruck herausgezogen. Bei Tauben und Wachteln nimmt man natürlich nicht die ganze Hand, sondern ein paar Finger – je nach Größe des Schlachtkörpers.
- Im Idealfall hat man Leber, Magen, Herz und das gesamte Gedärm auf einmal entfernt. Es ist sinnvoll, das alles auf die Seite zu legen und die essbaren Innereien später herauszuschneiden (siehe Seite 64 ff.). Das nicht Brauchbare kann man zu den Schlachtabfällen geben.

Mit einem Messer wird der Bereich um die Kloake freigeschnitten.

So sieht es aus, wenn die Kloake komplett entfernt wurde.

- Hat man beim ersten Mal nicht alles herausbekommen, muss man nochmals nachgreifen. Auf alle Fälle sollte die Lunge entfernt werden. Sie liegt direkt unter den Rippen und lässt sich recht schwer fassen. Am besten gelingt es, wenn man mit den Fingern so dicht wie möglich an der Unterseite der Rippen entlangfährt.
- Anschließend sollte man den Bereich um die Kloake großzügig herausschneiden. Dabei müssen auch eventuelle Darmreste vollends entfernt werden.
- Nach dem Ausnehmen bitte die Hände mit klarem Wasser abspülen, um sie für die nächsten Arbeiten sauber zu haben. Überhaupt ist jedem zu empfehlen, sich immer wieder die Hände zu waschen, wenn einem danach ist.

>>>> Den Kropf entfernen

Jetzt gilt es, den Kropf zu entfernen. Eigentlich sind es zwei Kropftaschen, die von mehreren Häuten umgeben sind. In leerem Zustand kann es vorkommen, dass man die einzelnen Häute kaum zu greifen bekommt. Schließlich sind die Hände zu diesem Zeitpunkt bereits aufgeweicht und man hat nicht mehr das nötige Gefühl. Aus diesem Grund tendiere ich dazu, die Tiere vor dem Schlachten mit Körnern zu füttern. Dann ist der Kropf prall gefüllt und lässt sich leicht entfernen. In der Regel werden damit Speise- und Luftröhre mit entfernt.

- Am besten greift man mit dem Daumen direkt am Schlüsselbein hinein und schiebt die Haut samt Kropf in Richtung Halsende nach vorne.
- Je nach Alter des Tieres muss man etwas kräftiger ziehen. Wie so oft machen auch hier Erfahrung und Übung den Meister. Unter Umständen muss man die Haut auf der Rückseite des Halses noch mit einem Messer durchschneiden.
- Bei Gänsen, Enten und Puten, wo die Halshaut am Schlachtkörper bleibt, ist im Bereich des Kropfes ein

Links: Ein Schnitt vom Schlüsselbein zum Halsende legt den Kropf samt Speise- und Luftröhre frei.

Rechts: Hier sind der Kropf, Speise- und Luftröhre vollständig entfernt.

Längsschnitt zu machen. Dieser muss so lang sein, dass man den Kropf herausnehmen kann.

- Ist der Kropf entfernt, kann man ins Körperinnere sehen. Unter Umständen muss man mit einem Finger in die Bauchhöhle eindringen, damit beim Waschen das Wasser durch den gesamten Körper laufen kann. Jetzt sollte man nochmals kontrollieren, dass Luft- und Speiseröhre vollständig entfernt sind.
- Den Hals sollte man am besten mit einer Schere oder Schneidzange – und nicht mit dem Messer – auf das gewünschte Maß kürzen. Im Gegensatz zu Gänsen, Enten und Puten ist bei den hier genannten Arten kaum Fleisch am Hals, sodass die Kürzung zu verkraften ist.

>>>> Den Schlachtkörper säubern

Am besten reinigt man den Schlachtkörper unter fließendem, kaltem Wasser. Vor allem bei Geflügel ist dies die hygienischste Vorgehensweise. Man reibt die Haut mit der Handfläche intensiv ab und lässt das Wasser auch durch den ganzen Körper laufen. Da sieht man dann auch sehr schnell,

Links: Ist der Kropf gefüllt, kann mit dem Daumen direkt am Schlüsselbein der Kropf zum Halsende hin abgezogen werden. Dies ist vor allem bei kleineren Geflügelarten zu empfehlen.

Rechts: Der komplette Kropf mit Speiseröhre ist hier samt der Halshaut abgezogen.

Ist der Schlachtkörper entleert, spült man ihn am besten unter kaltem, fließendem Wasser ausgiebig durch.

ob der Körper vollends ausgenommen ist. Eventuell muss man hier nochmals nacharbeiten. Auf jeden Fall darf man mit dem Ausspülen erst aufhören, wenn man selber der Ansicht ist, dass der Schlachtkörper völlig sauber ist.

Dann stellt man ihn mit der Halsöffnung nach unten auf eine dicke Lage Küchenpapier, um ihn vollständig auslaufen zu lassen. Diese Zeit nutze ich immer, um die Innereien zu säubern und für den Verzehr herzurichten.

> > > > Die Füße abtrennen

Um den Schlachtkörper während all der genannten Schritte besser greifen zu können, sollte man die Läufe erst jetzt entfernen. Eigentlich sind es die Füße, da die Ferse relativ weit oben sitzt. Der Fuß ist sehr gut zu erkennen, da er mit Hornschuppen besetzt ist. Man sollte beim Abtrennen der Füße

Zum Abtrennen der Füße muss das Fersengelenk vollständig durchgedrückt bzw. überstreckt werden.

Mit einem Messer schneidet man direkt zwischen das sich abzeichnende Gelenk ein.

Links unten: Mit beiden Händen wird nun das Gelenk vollständig aufgedrückt.

Rechts unten: Die restliche Haut schneidet man mit dem Messer durch. So sind die Füße sauber abgetrennt.

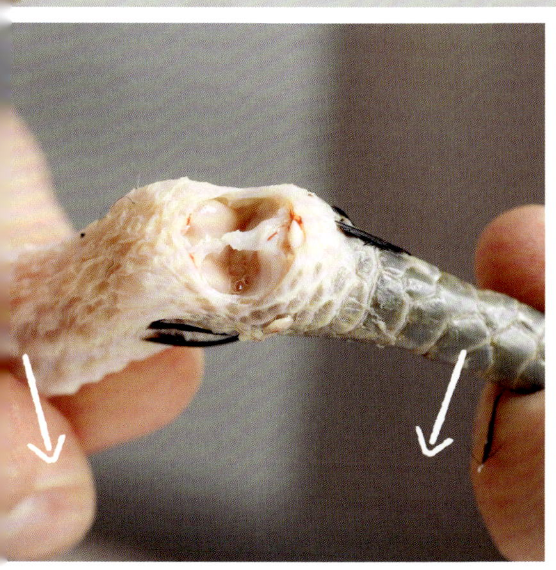

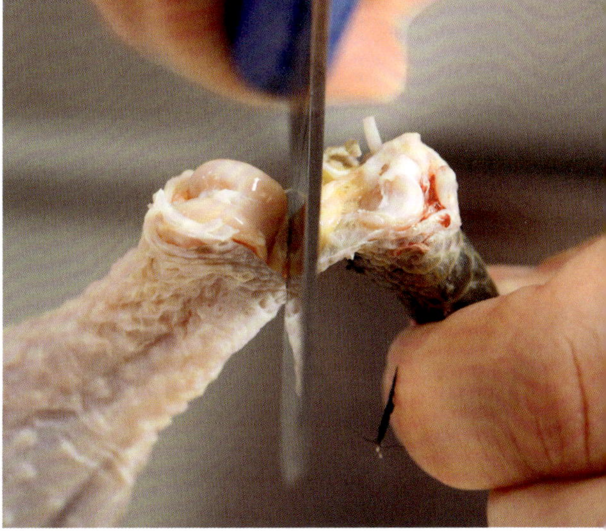

unbedingt darauf achten, dass man nicht auf den Knochen, sondern nur in die Gelenke schneidet. Sonst wird das Messer schneller stumpf.

- Wiederum liegt der Schlachtkörper auf dem Rücken und man drückt die Füße etwas nach unten.
- Am Fersengelenk schneidet man nun mit dem Messer direkt in die Mitte hinein und das Gelenk springt regelrecht auf.
- Nun drückt man den Fuß nach hinten, sodass das Gelenk durchbricht.
- Anschließend schneidet man die hintere Haut vollends durch.

>>>> Innereien aufbereiten

Herz, Leber, Nieren und Magen gehören beim Geflügel zu den essbaren Innereien. Man hat sie mit dem Gedärm aus dem Körperinneren genommen und trennt sie nun ab. Das geschieht am besten, indem man die gewünschte Innerei mit der Hand vom Gedärm abzieht. Wem hier noch etwas Erfahrung fehlt, kann sie auch mit einem Messer abtrennen.

- **Die Nieren** sind so klein, dass man sie kaum vollständig zu greifen bekommt. Anders sieht es mit allen anderen Innereien aus. Als Hühnerklein sind sie begehrt und man kann

Essbare Innereien des Geflügels sind
1 Leber
2 Magen
3 Herz

Der Magen wird bis ins Mageninnere aufgeschnitten und anschließend aufgedrückt.

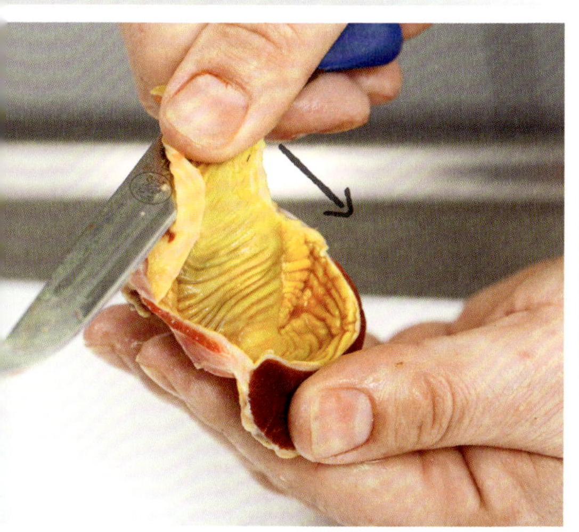

Links: Die Magenhaut muss vollständig abgezogen werden.

Rechts: Vollständig entfernte Magenhaut (rechts). Links der saubere Muskelmagen.

sie ideal in einer Füllung verwerten. Gefülltes Geflügel gehört nämlich zu den besonderen Delikatessen.

› **Das Herz** wird längs aufgeschnitten und gut ausgespült, sodass keinerlei Blutreste mehr zu sehen sind.

› **Die Leber** ist im Verhältnis zum Körper recht groß und hat eine glatte, dunkelrote Oberfläche. Auch sie wird mit klarem Wasser abgespült und die daran sitzende **Gallenblase** entfernt. Das sollte mit großer Sorgfalt geschehen, damit man die Galle an einem Stück wegbekommt. Mit einem scharfen Messer fährt man unter den Galleneingang, nimmt ihn zwischen Daumen und Messer und zieht die gesamte Galle in Richtung Gallenblase. Tauben haben übrigens keine Gallenblase, sodass man hier nicht suchen muss.

› Geflügel hat einen starken und schweren **Muskelmagen**, der von der Form her etwas an eine Muschel erinnert. Mit dem Messer schneidet man an der oberen Kante flach in den Magen. Man merkt schnell, wenn man ins Mageninnere kommt. Dann wird das Messer an beiden Seiten so weit geführt, dass man den Magen aufklappen kann. Der Mageninhalt wird ausgespült und man sieht beiderseits eine grünlich gelbe Lederhaut, die unbedingt entfernt werden muss. Man nimmt das Messer und setzt direkt an der Basis der Lederhaut an und zieht nach oben. Nachdem die eine Seite abgezogen ist, kommt die andere an die Reihe. Manchmal gelingt es auch, die ganze Lederhaut auf einmal abzuziehen. Anschließend muss der Magen nochmals gespült werden.

>>>> Kalt stellen

Nachdem der Schlachtkörper etwas abgetrocknet ist, sollte man ihn so schnell wie möglich herunterkühlen. Das geht am besten an der kältesten Stelle im Kühlschrank, also direkt über dem Gemüsefach. Ideal ist eine Temperatur zwischen 0 und 4 °C.

Ich stelle den Schlachtkörper senkrecht auf die Halsöffnung auf drei Lagen Küchenpapier. Nach etwa zehn Minuten tausche ich das Papier aus. Sobald der Schlachtkörper vollständig durchgekühlt ist, wird er eingefroren oder zubereitet.

In der Zwischenzeit sollten alle Schlachtutensilien gründlich gereinigt werden. Eine Kunststoffbürste und ein Putzmittel mit großer Fettlöslichkeit sind hierzu ideal (siehe auch Seite 46). Das verwendete Wasser sollte so heiß wie möglich sein, da die meisten Putzmittel dann eine höhere Reinigungskraft haben. Danach wird alles mit klarem Wasser abgespült und zum Trocknen auf ein sauberes Handtuch gelegt. An den Lagerplatz sollte man es erst bringen, wenn es vollständig abgetrocknet ist. Natürlich kann man die Gerätschaften auch abtrocknen. Aufgrund der Schärfe der Messer ist hier aber absolute Vorsicht geboten, um sich nicht zu schneiden. Aus diesem Grund favorisiere ich das Trocknenlassen.

Gänse und Enten schlachten

Betrachtet man die Lebendgewichte, sind Gänse und die schweren Entenrassen eine andere Klasse als das bisher beschriebene Geflügel. Das sollte man sich unbedingt vor Augen führen, wenn man ans Schlachten geht – und daher am besten einen Helfer an der Seite haben.

Und noch eine andere Tücke wartet: Vor allem die so beliebten Warzenenten – und zwar sowohl Erpel als auch Ente – besitzen als Baumenten massive und scharfe Krallen, die zu schweren Verletzungen führen können.

Die leichteren Entenrassen können so betäubt und geschlachtet werden, wie es bei den Hühnern ab Seite 49 beschrieben wurde. Sie sind leichter zu schlachten als schwere Entenrassen und Gänse.

Auch beim Rupfen unterscheiden sich Gänse und Enten von Hühnern. Sie gehören zum Wassergeflügel und haben einen anderen Federaufbau mit einem deutlich höheren Flaumanteil. Dazu kommt ein erhöhter Fettanteil an der Feder, da das Gefieder ja unbedingt wasserabweisend sein muss. Beim Nassrupfen muss daher die Brühphase wesentlich länger sein als bei anderem Geflügel.

>>>> Die Betäubung

Früher machte man sich über das Betäuben von Gänsen und Enten keine großen Gedanken. Sie wurden wie das restliche Geflügel mit einem Holzknüppel auf den Kopf geschlagen. Mit den veränderten gesetzlichen Rahmenbedingungen darf diese Variante nur bis zu einem Lebendgewicht von fünf Kilogramm angewendet werden. Schwere Gänse und Enten fallen nicht mehr darunter, sodass ich hier die Betäubung mit einem Bolzenschussapparat empfehle.

Bei Gänsen und Enten werden die Federn gerne weiterverwertet. Beim Schlachten muss deshalb ganz besonders darauf geachtet werden, dass sie nicht mit Blut bespritzt werden. Aus diesem Grund hat man die Gänse und Enten früher gerne in einen Sack gesteckt, an dem eine Ecke abgeschnitten war. Dort steckte man den Hals und den Kopf heraus.

Beim Betäuben einer Gans ist man am besten zu zweit. Ein Schussapparat ist ab 5 Kilogramm Lebendgewicht gesetzlich vorgeschrieben.

Die Beine der Gans beziehungsweise Ente wurden zusammengebunden und am anderen Ende mit dem Sackende zusammengeführt, sodass eine Schlaufe entstand. Daran wurde das Tier kopfüber an einen Haken gehängt und anschließend betäubt. Im Grunde ist dies wie ein improvisierter, selbst gemachter Schlachttrichter.

Verwendet man einen Bolzenschussapparat, muss man unbedingt darauf achten, dass der Kopf satt auf einer festen Unterlage aufliegt. Nur dann ist sichergestellt, dass der Kopf nicht ausweichen kann. Auch deshalb empfehle ich hier auf jeden Fall eine zweite Person zur Hilfe: Während einer das Tier mit den Armen fest umschließt, kann der andere den Kopf auf eine Unterlage drücken und mit der anderen Hand den Bolzenschussapparat ansetzen und auslösen. Der Bolzenschussapparat wird dabei auf der Schädeldecke zwischen den Augen angesetzt.

Danach wird die Gans oder Ente in den Schlachttrichter gesteckt. Aufgrund der Größe und der Kraft des Tieres sollte man unbedingt die passende Schlachttrichtergröße benutzen (siehe Seite 40). Sonst kann es vorkommen, dass bei den Muskelzuckungen der Schlachtkörper aus dem Trichter springt.

>>>> Das Schlachten

Schwere Gänse und Enten werden also am sinnvollsten mit einem Bolzenschussapparat betäubt und dann kopfüber in den Schlachttrichter gegeben. Direkt an der Kehle wird dann ein Schnitt durchgeführt, wie ich ihn bei den Hühnern auf Seite 50 beschrieben habe.

Früher wurden sie auch **gestochen**. Dazu hat man ein sehr spitzes Messer direkt nach den Wangen in die Haut gestochen und dann nach außen geschnitten. Diese Methode wurde vor allem deshalb angewandt, um einen schmalen Blutausfluss zu erreichen.

Auf jeden Fall sollte man den Kopf festhalten und somit das Ausbluten kontrollieren. Damit können Blutspritzer eigentlich vollständig vermieden werden. Je schwerer das Tier ist, desto größer ist die Blutmenge.

Links: Die Gans wird vollständig in einen Schlachttrichter gesteckt.

Rechts: Nach erfolgtem Kehlschnitt muss das Blut sofort und reichlich auslaufen können.

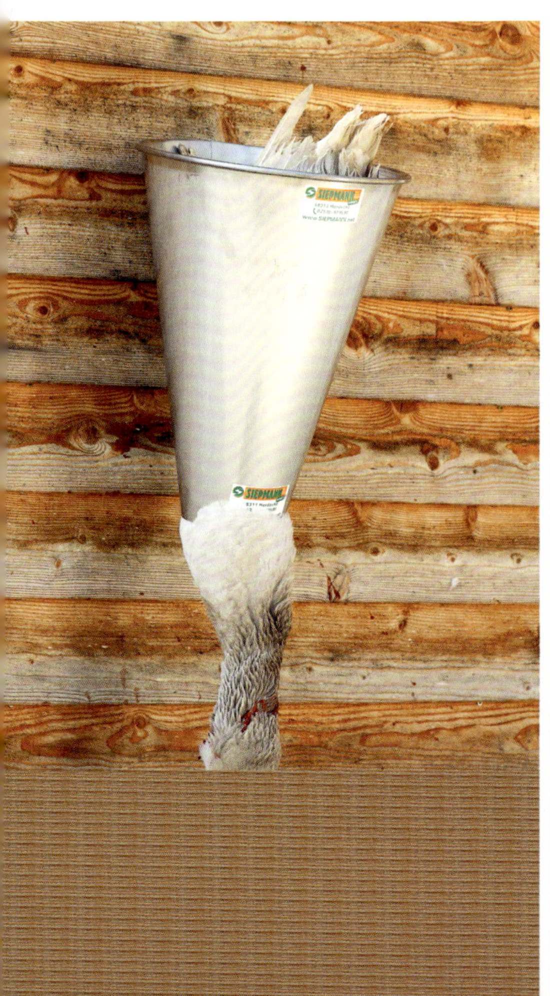

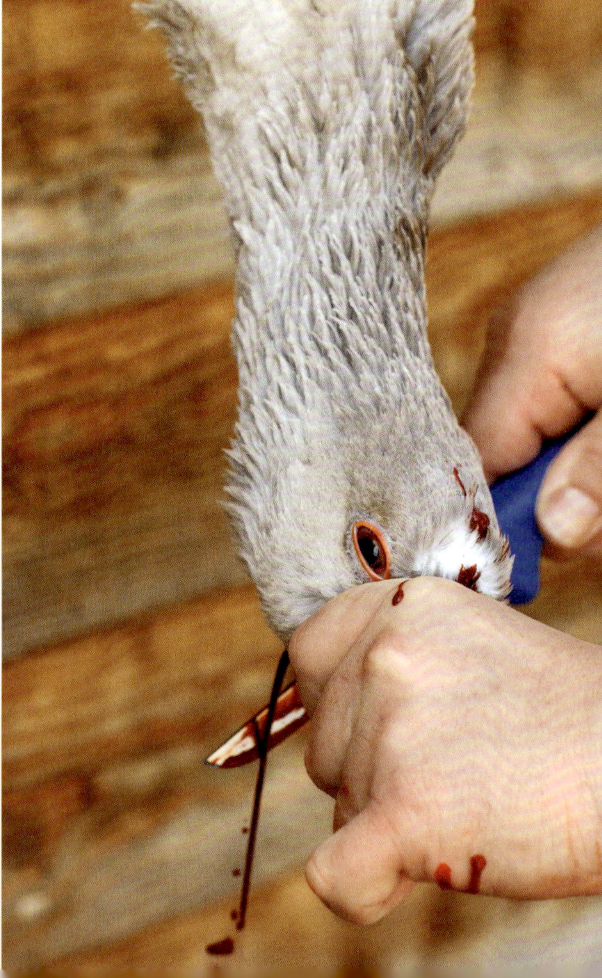

Eine Alternative zum klassischen Stechen ist der Nackenstich. Dabei wird ein spitzes Messer am Hinterkopf ins Gehirn geführt und dabei leicht gedreht. Das Ausbluten geht hier ebenfalls sehr schnell, doch braucht man dazu mehr Erfahrung. Wahrscheinlich ist das der Grund, weshalb sich der Kehlschnitt auch beim Wassergeflügel durchgesetzt hat.
Die Anwendung eines Beils würde ich bei Wassergeflügel nicht unbedingt empfehlen. Gänse haben einen sehr langen Hals, sodass bei den anschließenden Zuckungen Blutspritzer nicht zu vermeiden sind. Auf keinen Fall sollte man die Gans am Kopf halten und dann das Beil ansetzen wollen. Hier wäre die Verletzungsgefahr viel zu hoch.

>>>> Das Rupfen

Beim Rupfen von Wassergeflügel braucht man einfach etwas Erfahrung. Hier sollte man sich nicht entmutigen lassen und es immer wieder versuchen. Es kann nass- oder trockengerupft werden.

- Beim **Nassrupfen** wird der gesamte Schlachtkörper ins Wasser getaucht. Deshalb braucht man einen genügend großen Behälter mit einer entsprechend großen Wassermenge.
- Da man bei Wassergeflügel in aller Regel das Unterhautfett als entscheidenden Geschmacksträger erhalten will, darf die Wassertemperatur beim Brühen auf keinen Fall zu hoch sein. Lieber eine längere Zeit bei niedrigerer Temperatur brühen, als eine kurze Zeit bei zu heißem Wasser – der Schaden am Schlachtkörper wäre zu hoch. Als Brühtemperatur haben sich 62 bis 67 °C bewährt.
- Ich gebe aufgrund des Fettfilms auf der Feder gern einen Schuss Spülmittel ins Brühwasser.
- Wie bei Hühnern sollte man auch beim Wassergeflügel zuerst am Schenkel probieren, ob sich die Federn schon lösen lassen, dann war die Brühzeit ausreichend und man beginnt mit dem Rupfen.
- Eine Alternative zum Nassrupfen ist das sogenannte **Dämpfen**. Dazu wird mit einem handelsüblichen Dampfgerät, wie es zum Beispiel im Baumarkt erhältlich ist, das Gefieder befeuchtet und dann gerupft. Im Bereich des Flügels muss der Vorgang mehrfach wiederholt werden. Ist der Dampf allerdings zu heiß und wird das Gerät zu lange auf die Haut gehalten, kann es zu unschönen

Verbrennungen kommen. Ich kann mich erinnern, dass ich das Dämpfen auch schon mit einem Dampfbügeleisen gesehen habe. Selbst auf das Tier gelegte nasse Tücher, die dann gebügelt werden, können den gleichen Effekt haben.

Möchte man die Federn verwenden, muss **trockengerupft** werden. Aber auch wenn man die Federn nicht nutzen will, kann diese Methode eine Möglichkeit sein. Wassergeflügel sieht in der Regel schöner aus, wenn es trockengerupft wurde. Das gesamte Unterhautfett bleibt dabei erhalten und die Haut hat keinerlei Verfärbungen, wie sie unter Umständen bei zu heißer Wassertemperatur auftreten. Das Deckgefieder lässt sich relativ leicht trockenrupfen. Die Methode ist dieselbe wie bei Hühnern und Co. (siehe Seite 54). Etwas schwieriger wird es mit dem Daunengefieder, das darunter liegt. Auch die Schwingenfedern, also die langen Federn am Flügel, sitzen recht fest. Man darf den Zeit- und Kraftaufwand also auf keinen Fall unterschätzen.

Gerade bei Wassergeflügel kann es vorkommen, dass kleinste Federreste übrigbleiben. Sie sollten entweder mit Rupfwachs oder erst nach entsprechender Kühlung entfernt werden.

Mit einem kräftigen Zug werden die Luft- und Speiseröhre sowie der Kropf entfernt.

Links unten: Ein Schnitt legt den Bereich um den Unterhals frei.

Rechts unten: Ist alles entfernt, kann man direkt ins Körperinnere sehen.

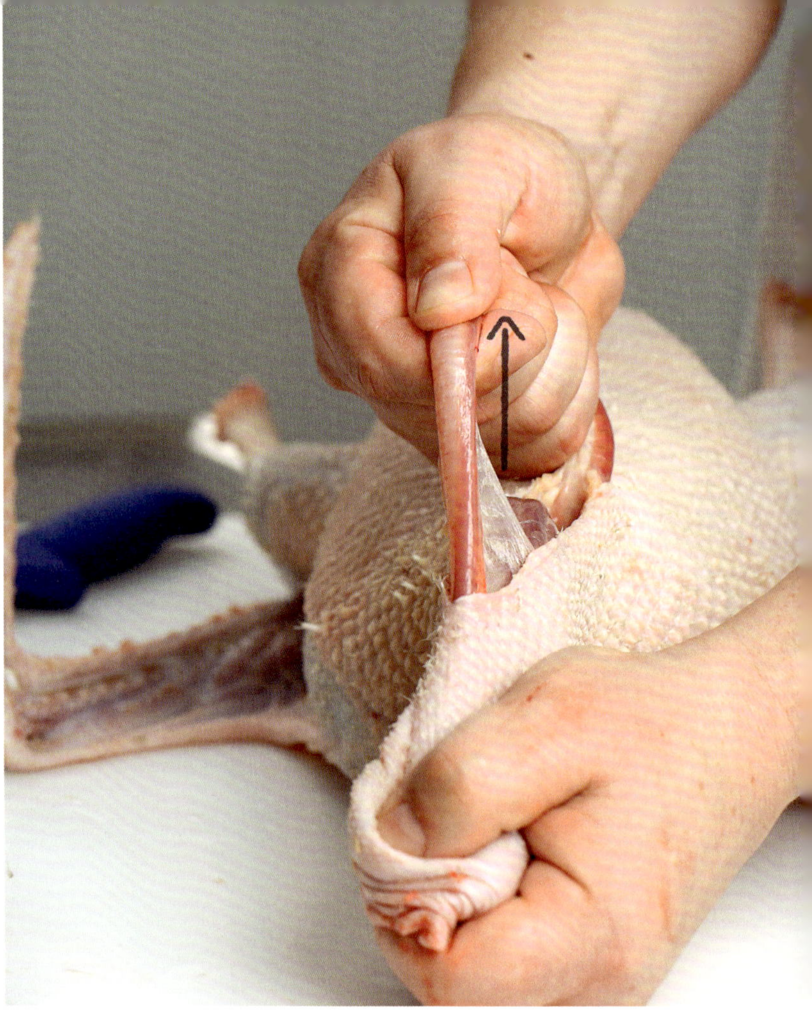

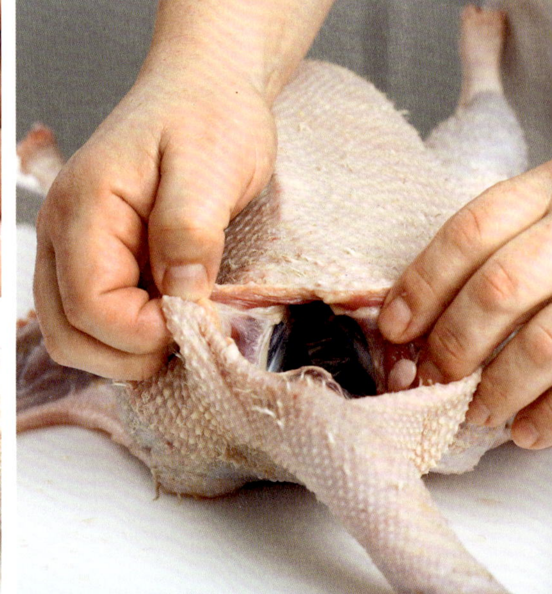

Nach dem Trockenrupfen muss man den Schlachtkörper entweder kurz mit dem Gasbrenner abflammen oder noch besser in ein Wachsbad tauchen (siehe auch die Seiten 43 und 44). Wer immer wieder Wassergeflügel schlachtet, der sollte sich die Anschaffung von Rupfwachs überlegen, zumal das Wachs sehr lange benutzt werden kann. Das ist vor allem dann sinnvoll, wenn Federkiele am Schlachtkörper verbleiben. Ansonsten muss man sie wie bei den Hühnern beschrieben von Hand oder mit der Pinzette entfernen (siehe Seite 55). Selbstverständlich könnte man – wie bei den Hühnern – auch die Haut einer Gans oder Ente abziehen, um sich das Rupfen zu sparen. Liebhabern dieses besonderen Geflügels treibt dieser Gedanke aber die Tränen in die Augen und deshalb kommt diese Möglichkeit kaum zum Einsatz.

Noch ein Tipp zum Abschluss: Wenn Sie das erste Mal eine Gans schlachten, sollten Sie auf jeden Fall am Flügel die Hand mit den Federn vor dem Rupfen abtrennen. Diesen Flügelteil sollten sie an der Luft einen Monat trocknen und anschließend als Kehrwisch verwenden. Es gibt kaum etwas, dass es mit diesem Federwisch in punkto Funktionalität aufnehmen kann.

>>>> Ausweiden und herrichten

Das Entnehmen der Gedärme und der Innereien, das Zerlegen und Säubern von geschlachteten Gänsen und Enten sowie das Herunterkühlen erfolgt wie bei den Hühnern ab Seite 57 beschrieben. Auf eine Besonderheit beim Ausnehmen und dem Herrichten des Schlachtkörpers möchte ich aber noch hinweisen. Aufgrund der Größe und dadurch, dass diese Geflügelarten oftmals gefüllt gegessen werden, sollte man die Bauchhöhle nur mit einem Längsschnitt öffnen (siehe Seite 56). Außerdem sollte man oberhalb des Kropfes einen Längsschnitt am Hals entlang machen, um die Luft- und Speiseröhre sowie den Kropf entfernen zu können. Schließlich ist der Hals bei diesen Tierarten lang und hat einen nicht zu unterschätzenden Fleisch- und Hautanteil.

Puten schlachten

Puten sind meistens noch ein gutes Stück größer und schwerer als Gänse. Um sie zu schlachten, braucht es schon Power. Wenn man bedenkt, dass es Putenhähne mit bis zu 24 Kilogramm Lebendgewicht gibt, dann muss einem klar sein, dass es sich um die Gewichtsklasse von Lämmern handelt.

Solche Tiere haben eine unbändige Kraft, die man nicht unterschätzen sollte. Beim Schlachten sollte man nach Möglichkeit immer zu zweit sein.

Früher wurde auch bei den Puten die „Sackmethode“ angewandt, wie ich sie bei den Gänsen beschrieben habe. Ich würde immer noch einen Sack als geeignet ansehen, um die Putenflügel ruhigzustellen, während eine Person die Füße festhält. Grundsätzlich ist beim Umgang mit Puten darauf zu achten, dass man die Beine festhält und die Pute dann an sich drückt. Sobald die Flügel, der Körper und nur ein Bein frei sind, beginnt die Pute als Wildvogel sofort mit den Flügeln zu schlagen. Das kann zu Verletzungen beim Menschen, aber auch bei der Pute führen. Ausgerenkte oder gar gebrochene Gliedmaßen können die Folge sein.

>>>> Die Betäubung

Auch beim Betäuben von Puten gilt die schon mehrmals erwähnte Fünf-Kilogramm-Lebendgewicht-Hürde für den Kopfschlag (siehe Seite 49 ff.). Endlich, muss man da schon sagen, haben die Hersteller einen Bolzenschussapparat entwickelt, der für die Größe von Puten geeignet ist. Der Bolzenschussapparat muss auf der Schädeldecke zwischen den Augen aufgesetzt werden.

Hat die Pute weniger als fünf Kilogramm Lebendgewicht, kann sie mit einem kräftigen Schlag auf den Kopf betäubt werden. Grundsätzlich muss sie aber durch eine zweite Person fixiert werden, ehe man sie betäubt.

>>>> Das Schlachten

Wenn die Pute betäubt ist, muss man sie umgehend in den Schlachttrichter stecken. Danach wird sie am besten mit dem Kehlschnitt zum Ausbluten gebracht (siehe Seite 69). Hat man keinen Schlachttrichter zur Verfügung, ist ein Sack mit einer abgeschnittenen Ecke, durch die der Putenhals gesteckt wird, noch immer die beste Möglichkeit.

>>>> Das Rupfen

Puten gehören mehr oder weniger zum Wildgeflügel. Lebende Tiere lassen ihr Gefieder sofort los, wenn es ein Mensch berührt. Das ist eine Besonderheit bei lebenden Puten. Im geschlachteten Zustand geschieht das Rupfen wie bei Hühnern auch. Aufgrund der Ausmaße und der Federstruktur mit recht harten Kielen, kommt ausnahmslos das Nassrupfen infrage (siehe Seite 52 ff.). Gut durchnässt, lassen sich die Federn leicht entfernen. Auch bei Puten hat sich eine Wassertemperatur von rund 60 °C bewährt.

>>>> Ausweiden und herrichten

Im Grunde kann man beim Ausweiden und Säubern von Puten so vorgehen, wie bei den Hühnern auf Seite 57 ff. beschrieben. Es ist einfach alles im XXL-Format. So wird man die Innereien zum Beispiel fast nie auf einmal ausräumen können. Auch der Kropf lässt sich nicht so locker nach vorne schieben. Hier muss man wieder einen Schnitt unter die Halshaut machen und dann den Kropf auslösen, wie man es auch bei Gänsen macht (siehe Seite 72). Zu guter Letzt ist das Auswaschen des Schlachtkörpers umständlicher, sodass man sich schon im Vorfeld die passenden Behältnisse überlegen muss.

Geflügel zerlegen

Geflügelfleisch ist ungemein vielfältig und sollte auch so verwendet werden. Die Zeiten, in denen selbst geschlachtetes Geflügel immer am Stück zubereitet wurde, sind eigentlich vorbei. Denn genauso wie der Handel heute Teilstücke anbietet, kann man auch Zuhause die diversen Stücke unterschiedlich zubereiten.

Mit etwas Übung lässt sich ein Schlachtkörper ziemlich leicht zerlegen. Voraussetzung dafür ist aber auf jeden Fall ein scharfes Messer. Sonst wird das Zerlegen eine Tortur und die gewonnenen Teilstücke sehen nicht besonders schön aus. Bei Geflügel gibt es im Grunde drei besondere Teilstücke, die den größten Fleischanteil ausmachen: die Brust, die Schenkel und die Flügel, wobei Schenkel und Flügel natürlich immer zweifach vorhanden sind. Aber auch der Brustmuskel hat zwei Teilstücke. Am Rücken ist nur ganz wenig Fleisch

Unterschiedliche Schlachtkörpergröße von
1 Huhn
2 Taube
3 Ente
4 Gans

Je nach Geflügelart ist der Fleischanteil des Brustmuskels unterschiedlich groß: Gans, Ente, Huhn, Taube (von links nach rechts).

vorhanden. Hier ist außer Haut und eventuell etwas Unterhautfett kaum etwas zu erwarten.

- Um die **Flügel** zu entfernen, legt man den Schlachtkörper auf die Brust. Der Flügel wird etwas nach vorne gezogen, sodass das Gelenk am Körper hervortritt. Mit dem Messer wird nun das Gelenk am Körper großzügig freigeschnitten. Vor allem auch am vorderen Flügelansatz sollte man weit schneiden.
- Zum Abtrennen der **Schenkel** wird der Schlachtkörper auf den Rücken gedreht. Dann drückt man den Schenkel nach außen, sodass er sich vom Körper deutlich abhebt. In diese „Spalte" schneidet man nun mit dem Messer ein, und zwar weit nach vorne und hinten. Danach drückt man den Schenkel weiter nach außen bis das Gelenk herausgedrückt ist. Nun kann man genau im Gelenk durchschneiden. Üblicherweise wird der hintere Bereich zum Rücken hin mit weggeschnitten.
- Zu guter Letzt wird die **Brust** ausgelöst. Dazu schneidet man am Brustbeinkamm möglichst nah nach unten. Man merkt dann sehr schnell, wenn es in den Rippenbogen übergeht. An diesem entlang schneidet man dann weiter. Hat man den Brustmuskel hier gelöst, hebt man ihn mit der Hand nach vorne und schneidet ihn dann weiter vom Körper ab.
- Der Rest des Gerippes, die sogenannte **Karkasse**, bildet die ideale Basis für einen Geflügelfond oder eine Suppe.

>>>> Ausbeinen

Viele Menschen bevorzugen Fleisch ohne Knochen. Das ist mit ein Grund, weshalb heute im Handel hauptsächlich die Brust angeboten wird. Dabei lassen sich auch die Schenkel und sogar der ganze Schlachtkörper mit etwas Übung von den Knochen befreien – ausbeinen sagt der Fachmann.

Zum Ausbeinen verwendet man am besten ein Messer mit einer nicht zu langen Klinge. Ein kürzeres Messer ist handlicher. Gerade hier wird man ziemlich schnell feststellen, ob man eher zu einer sehr starren oder einer eher flexiblen Klinge tendiert – das muss man ausprobieren. Außerdem kann ein Schnittschutzhandschuh wertvolle Dienste leisten, vor allem, wenn man im Ausbeinen noch nicht so routiniert ist.

Die Schenkel ausbeinen

Je öfter man ausbeint, umso schneller geht es. Am Anfang braucht man für einen Schenkel fast eine halbe Stunde; später ist es in zwei bis drei Minuten geschafft. Überhaupt ist das Ausbeinen des Schenkels eine gute Vorübung für das spätere Ausbeinen des gesamten Körpers. Gerade das **offene Ausbeinen** eines Schenkels ist sehr einfach:

- Man legt den Schenkel auf die Außenseite und schneidet auf den ertasteten Knochen.
- Dann arbeitet man mit dem Messer seitlich an den Knochen hinab. Hier kann man mit dem Messerrücken das Fleisch sehr einfach vom Knochen schaben, sodass er recht schnell vollständig freigelegt ist.
- Gerade am Anfang ist es nicht besonders schlimm, wenn etwas mehr Fleisch an den Knochen zurückbleibt. Je mehr Übung man hat, desto „sauberer“ werden die Knochen.

Eine interessante Alternative zum offenen Ausbeinen ist das **hohle Ausbeinen**. Das ist zwar etwas schwieriger, doch hat man später den Vorteil, dass man die entstandene Fleischtasche füllen kann.

- Zum hohlen Ausbeinen des Schenkels ist es sinnvoll, diesen auf einem sauberen Küchenhandtuch abzustützen, dann kann er nicht wegrutschen. Zunächst wird der Schenkel auf die Außenseite gelegt und erst in den späteren Schritten auf das Fersengelenk beziehungsweise auf die Hüfte aufgelegt.

- Der Schenkelknochen muss nur vom Hüftgelenk zum Fersengelenk freigelegt werden. An den Gelenken werden die Sehnen durchgeschnitten. Ansonsten ist darauf zu achten, dass der Muskel nach außen nicht durchschnitten wird. Den Unterschied zwischen Sehnen und Muskeln erkennt man recht einfach: Während die Sehnen weiß sind, ist das Fleisch, je nach Art, hell bis dunkel. Schneidet man einmal zu tief, sodass die Tasche „Löcher“ hat, kann man dies bei der Zubereitung „verstecken“.
- Das Fleisch am Knochen sitzt recht locker, sodass man gar nicht weiter schneiden muss. Am besten drückt man das Fleisch mit dem Messerrücken weg.
- Nachdem der Schenkel ausgebeint ist, kann man ihn mit einer Füllung füllen. Um ihn wieder zu verschließen, umwickele ich ihn mit einem Schweinenetz vom Metzger. Eine Alternative kann ein Netz aus Schnur sein, wie man es im Metzgerei-Zubehörhandel bekommt. Selbstverständlich kann man den Schenkel auch mit etwas Bauchspeck umwickeln und dann mit einer Schnur binden – das Ganze geht auch ohne den Bauchspeck, doch muss man dann darauf achten, dass die Füllung beim Braten nicht herausgedrückt wird.

Den gesamten Schlachtkörper ausbeinen

Nachdem man mehrmals einen Schenkel ausgebeint hat, kann man sich ruhig an das Ausbeinen des gesamten Schlachtkörpers wagen. Hier gibt es wie beim Ausbeinen des Schenkels die zwei Varianten: offenes oder hohles Ausbeinen. Beim offenen Ausbeinen könnte man beispielsweise einen Rollbraten machen. Beim hohlen Ausbeinen wird das Gerippe regelrecht herausgehöhlt, sodass ein in sich zusammengesunkener Körper entsteht, dem man erst durch eine Füllung wieder seine „ursprüngliche“ Form geben muss. Fangen wir mit dem **offenen Ausbeinen** an, da dies viel leichter ist.

- Als erstes wird der Schlachtkörper mit dem Rücken nach unten auf ein Schneidebrett gelegt. Nun nimmt man am besten ein Universalmesser mit Wellenschliff, dringt in die Bauchöffnung ein und schneidet links und rechts vom Rückgrat den Körper bis auf das Brett durch.
- Danach wendet man den Körper auf die Brust und drückt mit den Fingern den Schlachtkörper auseinander. Jetzt schneidet man die Rippen direkt am Brustbein durch, sodass der Brustbeinkamm von der Halsöffnung her mit

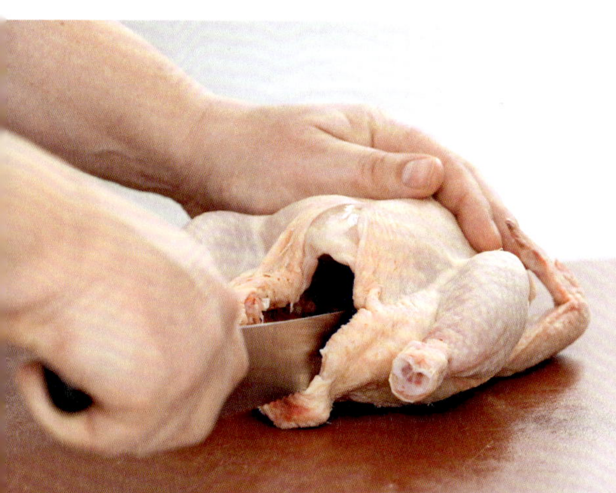

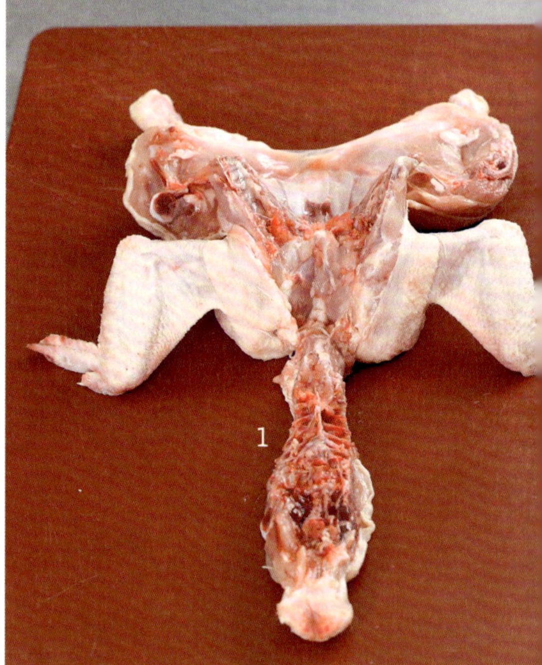

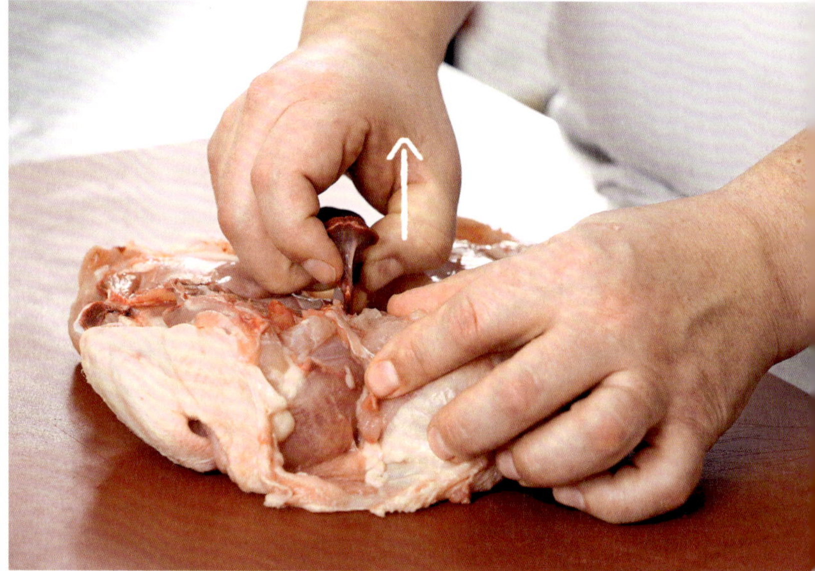

Links oben: Mit einem Wellenschliffmesser auf beiden Seiten des Rückgrates durchschneiden.

Rechts oben: Jetzt den Schlachtkörper umdrehen, das Rückgrat (1) nach vorne herauslegen und vollends entfernen.

Anschließend die Rippen am Brustbeinkamm durchtrennen, dann lässt sich dieser herausziehen.

den Fingern herausgezogen werden kann. Eventuell muss man hier mit dem Messer noch etwas freischneiden, das hängt von der Fleischbeschaffenheit ab.

› Mit einem Ausbeinmesser fährt man nun unter die Rippen und schneidet möglichst flach und nah an den Rippenoberseiten nach außen.
› Die Flügel kann man abtrennen und aus den Schenkeln werden wie bereits auf Seite 78 beschrieben die Knochen ausgelöst. Hat man ordentlich ausgebeint, erhält man

eine mehr oder weniger rechteckige Fläche. Ich persönlich greife dann die entstandene Fleischfläche nochmal nach Knochen ab. Dadurch habe ich gut im Gefühl, wo ich noch nacharbeiten muss.

› Teilt man den dicken Brustmuskel noch in der Mitte der Höhe, kann man das dort „gewonnene" Fleisch auf die eher flach bemuskelten Regionen legen. Das hat auch für das spätere Garen einen großen Vorteil, da dadurch das Fleischstück gleich stark ist.

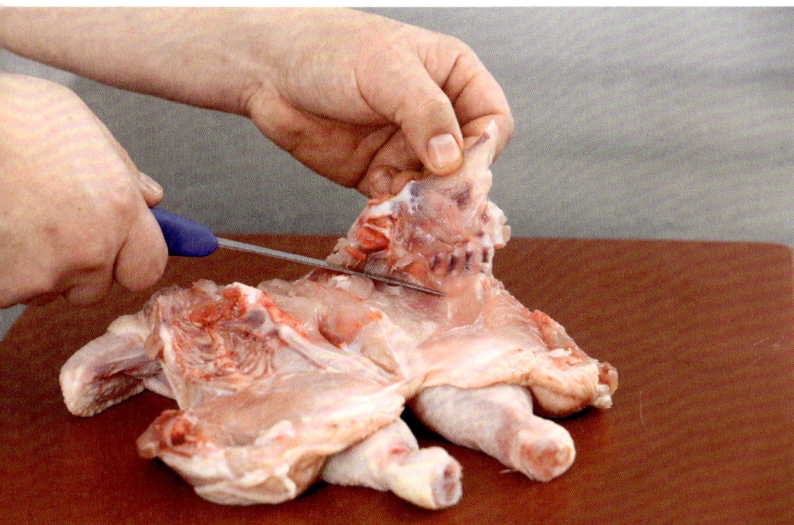

Ein Ausbeinmesser ist am besten geeignet, um die Rippen am Stück herauszulösen.

Links unten: Nachdem die Flügel bis zum Ellbogen entfernt wurden, wird nun noch der Oberarm ausgelöst.

Rechts unten: Zum Schluss werden die Knochen des Schenkels herausgeschnitten.

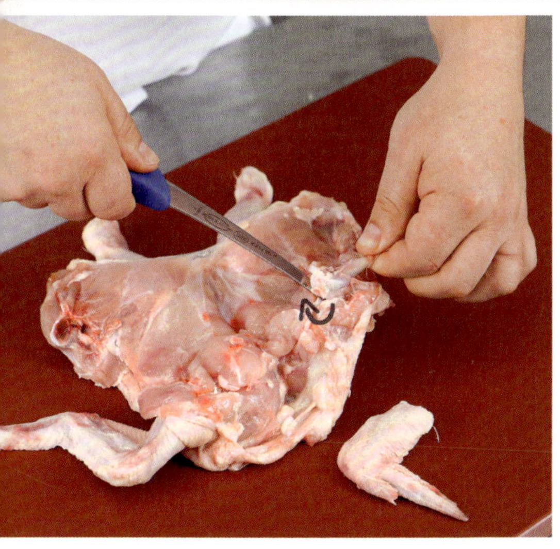

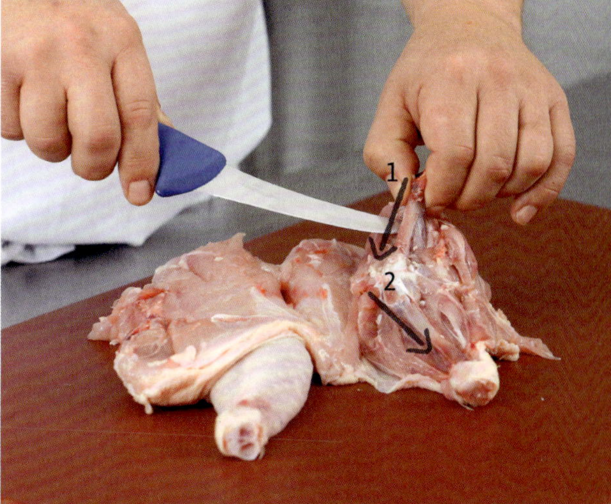

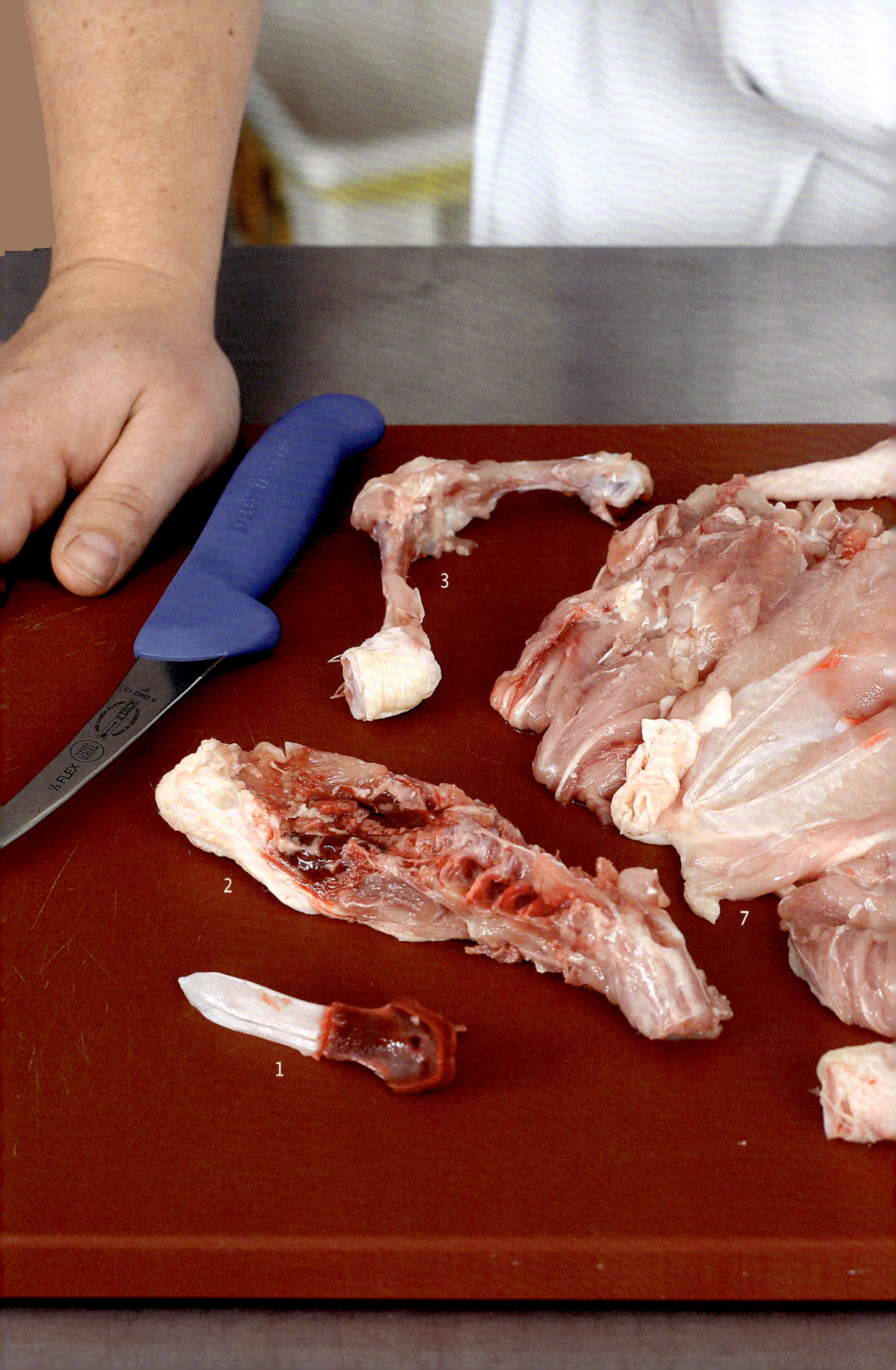
3
2
7
1

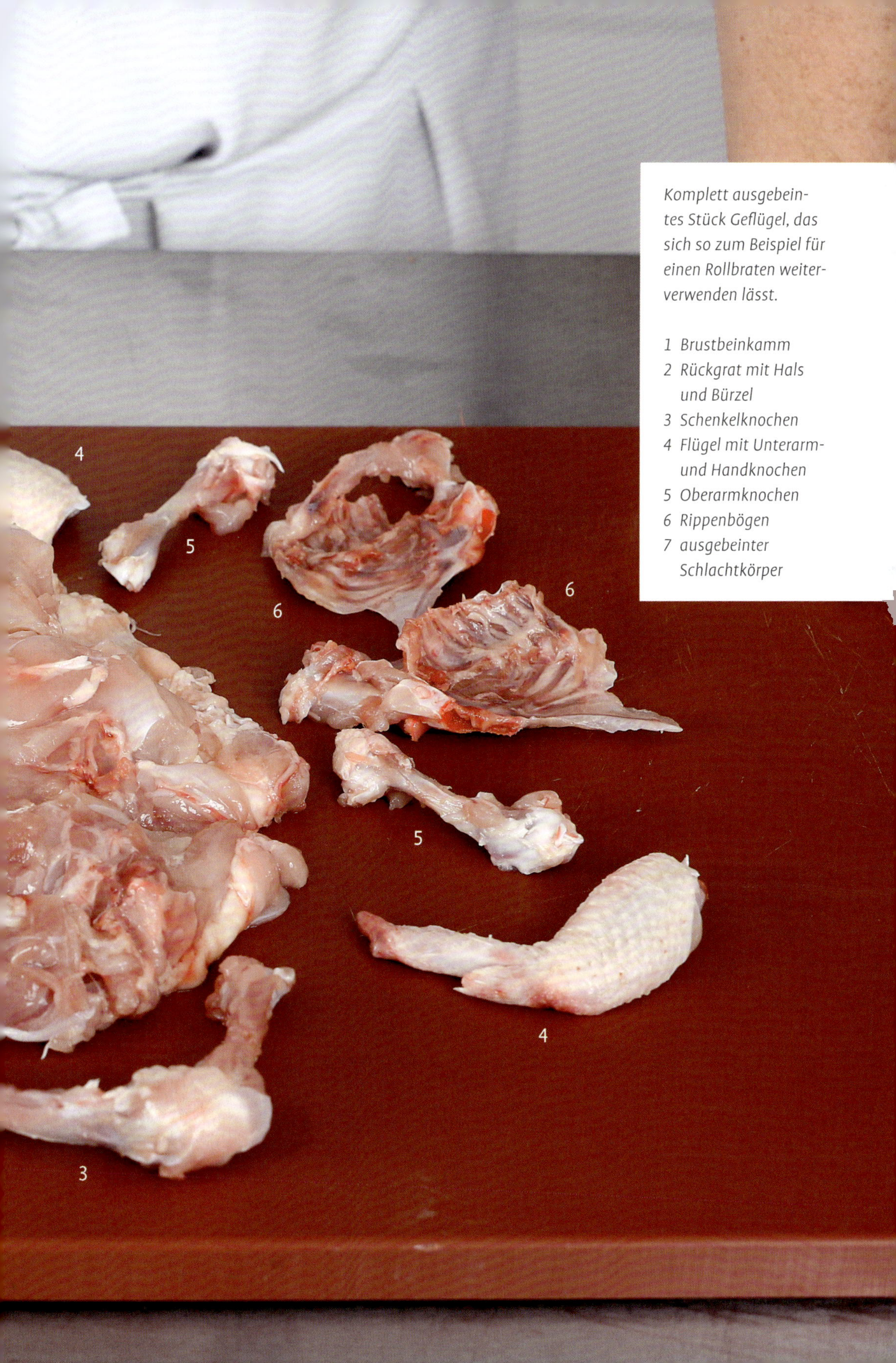

Komplett ausgebeintes Stück Geflügel, das sich so zum Beispiel für einen Rollbraten weiterverwenden lässt.

1 Brustbeinkamm
2 Rückgrat mit Hals und Bürzel
3 Schenkelknochen
4 Flügel mit Unterarm- und Handknochen
5 Oberarmknochen
6 Rippenbögen
7 ausgebeinter Schlachtkörper

Eine Klasse für sich ist das **hohle Ausbeinen** des ganzen Schlachtkörpers. Ich habe es das erste Mal bei einem Schweizer Freund gesehen. Seither nutzen wir in der Familie diese Möglichkeit immer wieder. Auch hier macht Übung den Meister. Da man seine ersten Schritte häufig alleine macht, ist es auch nicht weiter schlimm, wenn es zu Beginn nicht perfekt klappt. Nur den Mut nicht verlieren und immer wieder probieren! Hat man einmal den Dreh heraus, kann man sich gar nicht mehr vorstellen, warum man es zuerst kompliziert fand. Gerade bei kleinen Schlachtkörpern wie von Tauben oder Wachteln ist diese Methode empfehlenswert.

- Um hohl auszubeinen wird der Schlachtkörper auf den „Hintern" gesetzt. Man beginnt im Bereich des Halses: Die Haut am Hals wird bis über die Schultern heruntergezogen, und zwar so weit, bis man das Rabenbein sieht. Das darum liegende Fleisch wird freigelegt und der Knochen an den Schultergelenken aus der Verankerung getrennt, wo er mit Raben- und Schlüsselbein sowie den Schulterblättern verbunden ist.
- Anschließend wird das Schultergelenk ausgekugelt und der Oberarmknochen herausgelöst. Nun werden das Schlüssel- und das Rabenbein sowie die Schulterblätter entfernt. Hier arbeite ich ebenfalls mit den Händen, da ich damit ein gutes Gefühl habe und die Knochenführung besser ertasten kann. Ein kleineres Messer kann unterstützen.
- Als Nächstes geht es darum, den Brustkorb herauszutrennen. Dazu wird mit dem Messer immer zum Skelett hin gearbeitet, damit die Haut so wenig wie möglich verletzt und eingeschnitten wird. Vor allem im Bereich des Rückens streife ich die Haut gern mit der Hand ab, da man in diesem Bereich aufgrund der geringen Fleischauflage auf diese Weise einfach mehr Gefühl hat. Nachdem das Brustbein gelöst wurde, kann es mitsamt dem Brustkorb herausgenommen werden.
- Zum Abschluss geht es an die Schenkel. Zuerst müssen die Hüftknochen freigelegt und entfernt werden. Die Knorpel, die hier verbinden, werden durchtrennt. Wenn man die Schenkel nach außen dreht, kann das Fleisch bis zum Kniegelenk gelöst und der Knochen herausgenommen werden.
- Werden jetzt noch die „Hände" am Flügel abgenommen, ist der gesamte Schlachtkörper mit Ausnahme der Unterschenkel und des Flügelknochens entbeint. An diesen Stellen ist zu wenig Fleisch, sodass sich das Ausbeinen hier nicht wirklich lohnt.

Auch wenn sich das hohle Ausbeinen zunächst schwierig anhört, wird einem beim Arbeiten vieles klar und verständlich. Und ich kann nur immer wieder ermuntern, die Hände zu benutzen und die Dinge zu erfühlen.

Die Teilstücke in der Küche

Wenn Sie das geschlachtete Geflügel wie eben beschrieben zerlegen, können Sie die Teilstücke ganz individuell verwenden. Viele Schwierigkeiten und Enttäuschungen im Hinblick auf die Fleischqualität und das Ergebnis beim Kochen hängen damit zusammen, dass man schlicht und einfach das falsche Stück fürs falsche Gericht nimmt. Die folgende Übersicht hilft bei der Auswahl:

Teilstück	Verwendung in der Küche
Brust	kurzbraten, zum Beispiel Schnitzel, Geschnetzeltes, Cordon bleu
Karkasse	Suppe, Geflügelfond
ganzer Schenkel	braten, schmoren, grillen
Oberschenkel (ohne Knochen heißt er Pollofino)	braten, schmoren, grillen
ganzer Flügel (Ober- und Unterarm)	braten, grillen, frittieren
Oberarm	braten, frittieren, Fingerfood
Unterarm (Flügelsticks)	braten, frittieren (Fleisch bleibt dabei besonders saftig), Fingerfood
Innereien	kurzbraten, schmoren, für Füllungen

Kaninchen

Kaninchen oder Hase?

Eigentlich ist die Sache eindeutig: In freier Wildbahn kommen bei uns sowohl der Feldhase als auch das Wildkaninchen vor; in die Ställe haben es aber nur die Wildkaninchen beziehungsweise deren Abkömmlinge geschafft.

Obwohl es immer wieder Versuche gab, Feldhasen in Stallungen zu halten und zu vermehren, hat es sich nie durchgesetzt. Man sprach gerne davon, dass sie nicht mit dem eigenen Kot in Berührung kommen dürfen. Heute weiß man, dass es eher die daraus resultierende Kokzidieninfektion ist, die sie sterben lässt. Das Wildkaninchen, von dem unsere heutigen Hauskaninchen abstammen, ist hierin wesentlich stabiler.

Der Mensch hat bis zum heutigen Tag eine Vielzahl an Kaninchenrassen erzüchtet, die sich sowohl in Form, Farbe und vor allem der Größe unterscheiden. Während Zwergkaninchen gerade einmal etwas über ein Kilogramm Lebendgewicht haben, gibt es die sogenannten Riesenkaninchen mit mehr als acht Kilogramm. Die meisten der verschiedenen Kaninchen werden als Rassekaninchen fast ausschließlich von Hobbyzüchtern gehalten.

Übrigens: Auch die in manchen Gegenden als Stallhasen bezeichneten Tiere sind Kaninchen …

Das Fleisch

In der Küche von heute ist das Kaninchen immer noch ein Geheimtipp. Kaninchenfleisch hat einen ausgeprägten Eigengeschmack. Sein Fleisch ist hell bis rosa.

Je nach Fütterung kann die Färbung auch etwas intensiver sein: Bei viel Grünzeug und obendrein Bewegung haben vor allem die Schenkel eine dunklere Farbe. Hasenfleisch hingegen hat eine dunkle Färbung und schmeckt intensiv nach Wild.

Normalerweise haben Kaninchen weißes Fett. Manche Rassen und Linien aber lagern aufgenommenes Carotin im Körperfett ein, sodass es gelb erscheint. Das ist auf den ersten Blick ungewöhnlich und für manche Menschen nicht so appetitlich. Dabei handelt es sich aber lediglich um eine rein ästhetische Abweichung und hat keinerlei Einfluss auf den Geschmack. Nach der Zubereitung ist das gelbe Fett ohnehin nicht mehr zu sehen.

Grundsätzlich kann man sagen, dass alle Varianten von Kaninchen gegessen werden können, also vom Zwerg- bis zum Riesenkaninchen. Das Fleisch der Zwergkaninchen ist kurzfaseriger als das der großen Rassen.

Kaninchenfleisch ist sehr vielfältig und kann in der Küche verschiedenartig zubereitet werden. So gibt es Stücke, die sich zum Kurzbraten eignen, während andere besser ein Schmorgericht ergeben.

Im Gegensatz zum Geflügel haben sich bei den Kaninchen nur ganz wenige Hybridlinien entwickelt. Eine industrielle Kaninchenhaltung hat sich bei uns bisher so gut wie nicht etabliert. Die im Handel angebotenen Kaninchen stammen fast immer aus Frankreich.

Das Fell

Kaninchenfelle haben heute leider so gut wie keine Bedeutung mehr. Im Übergang vom 19. zum 20. Jahrhundert wurden hingegen ganz gezielt Rassen erzüchtet, die in Fellstruktur und -farbe denen von Wildtieren sehr ähneln.

Spätestens mit dem Niedergang des Kürschnerhandwerks war auch das Kaninchenfell nicht mehr gefragt. Lediglich in den Kleintierzuchtvereinen werden die Kaninchenfelle hin und wieder noch verarbeitet. Dort ist diesbezüglich noch immer das größte Know-how vorhanden. Wer möchte, kann sich hier nach geeigneten Gesprächspartnern umsehen.

Ein trocken gelagertes und gegerbtes Kaninchenfell kann zu vielen Dingen – vom Kissenbezug oder einer Felldecke über Kleidungsstücke bis hin zum Felltier – weiterverarbeitet werden.

Vor Jahren sah ich einmal auf einem mittelalterlichen Markt eine Decke aus schwarzen Kaninchenfellen. Beidseitig waren Felle vernäht, sodass sie ungemein kräftig im Griff war. Wahrscheinlich liegt es heute an der Unbekanntheit beziehungsweise der Pelzproblematik allgemein, dass dieses tolle Produkt nicht mehr im Blickpunkt steht. Es ist schade, dass solch ein wertvolles Nebenprodukt in der heutigen Zeit eigentlich zum Abfall degradiert wurde. Ich denke, man sollte versuchen die Felle weiterzuverarbeiten, vor allem, wenn man mehrere Kaninchen mit der gleichen Fellfarbe schlachtet.

Bevor man aber allzu blauäugig an die Sache herangeht, sollte man bezüglich der Fellqualität im Vorfeld Kontakt mit einem Fachmann aufnehmen. In vielen Kleintierzuchtvereinen werden noch Felle gegerbt, sodass man sich hier die richtigen Tipps holen kann. Das Gerben von Fellen lohnt sich nämlich nur, wenn das Fell vollständig ausgereift ist. Nur dann wird der volle Fellglanz und die entsprechende Dichte und Gleichmäßigkeit erreicht. Das ist am ehesten in den Monaten Januar und Februar gegeben.

Will man das Fell gerben lassen, muss man bei der Schlachtung natürlich sehr vorsichtig sein. Einrisse oder gar Schnitte sollten nicht sein. Gleich nach dem Schlachten muss das Fell auf einen sogenannten Fellspanner mit der Lederseite nach außen aufgezogen und anschließend getrocknet werden. Der Schwanz und die Vorderläufe werden abgeschnitten. Das Trocknen geschieht am besten an einem luftigen Ort, der aber auf keinen Fall direkter Sonneneinstrahlung ausgesetzt sein soll. Ebenfalls sollte man sich nach einer geeigneten Gerberei umsehen. Entsprechende Kontaktadressen erhält man in der Fachzeitschrift des Rassekaninchenzuchtverbandes und beim Verband direkt (www.zdrk.de).

Linke Seite: Das Fell wird mit der Hautseite nach außen auf einen Fellspanner aufgezogen.

Wo wird geschlachtet?

Der Ort, an dem Kaninchen geschlachtet werden, braucht wie der Raum fürs Geflügelschlachten ein paar wichtige Grundvoraussetzungen:

Wasser- und Stromanschluss, Wand- und Bodenfliesen oder einen anderen gut zu reinigenden, aber rutschfesten Bodenbelag, eine leicht sauber zu haltende Arbeitsfläche und einen Schrank zum Verstauen der Messer und anderer Gerätschaften.

Detaillierte Informationen habe ich im Geflügelkapitel ab Seite 30 zusammengetragen – sie gelten für das Schlachten von Kaninchen ebenso.

Die Schlachtutensilien

Sehr viele Gerätschaften, die ab Seite 33 für das Schlachten von Geflügel beschrieben wurden, können selbstverständlich auch beim Schlachten von Kaninchen verwendet werden, so zum Beispiel die gleichen Messer, Wannen und nicht zuletzt ein Bolzenschussapparat.

Da Kaninchen nicht gebrüht werden, ist der Wassereinsatz hier wesentlich geringer, was wiederum auf den ganzen Ablauf doch einen gravierenden Einfluss hat. Aus diesem Grund sind an dieser Stelle nur Schlachtutensilien aufgeführt, die speziell für das Kaninchen gebraucht werden.

>>>> Messer

Mehr noch als beim Geflügel- ist beim Kaninchenschlachten auf die Schärfe der Messer zu achten. Vor allem das Stechmesser muss sprichwörtlich messerscharf sein, um die Fellhaut sicher und schnell zu durchstechen. Gerade bei älteren Tieren, die teilweise eine Fettansammlung am oberen Halsbereich, die sogenannte Wamme haben, ist das unverzichtbar.

>>>> Schlachtkreuz

Zum Abziehen des Fells muss das geschlachtete Kaninchen aufgehängt werden. Dazu können entweder wie früher zwei Nägel in einer Wand dienen, an die die Beine des Kaninchens gebunden werden oder man verwendet ein sogenanntes Schlachtkreuz. Dieses ist beweglich, sodass die beiden Aufhängevorrichtungen mithilfe einer verstellbaren Querstrebe der Kaninchengröße beziehungsweise dem gewünschten Abstand der Beine angepasst werden können.

Je nach Vorliebe kann das Schlachtkreuz direkt vor einer Wand oder auch frei im Raum hängend angebracht werden. Während die erste Variante vor allem für den Anfänger zu empfehlen ist, ist das frei hängende Schlachtkreuz wesentlich flexibler. Das Kaninchen kann bei Bedarf leichter zur Seite gedreht werden. Schlachtkreuze bekommt man im Fachhandel.

Zum Aufhängen eines Kaninchens hat sich das Schlachtkreuz bewährt.

>>>> Schnur

Wer kein Schlachtkreuz verwendet, nimmt am besten Schnur, um das Kaninchen an den Hinterbeinen an Nägeln aufzuhängen. Dazu bindet man am besten zwei Schlaufen, sodass man es beim Aufhängen einfach hat und hier nicht noch knoten muss.

Da die Kaninchen eigentlich immer am gleichen Ort aufgehängt werden, ist es sinnvoll, die Länge der Schnur einmal anzupassen und sie dann immer wieder zu verwenden. Besonders haltbar und strapazierfähig sind Kunststoffschnüre, wie man sie beim Binden von Heu- und Strohballen verwendet. Bewahrt man sie auf, hat man sie teilweise über Jahrzehnte im Einsatz.

>>>> Bolzenschussapparat

Hier möchte ich unbedingt auf die Ausführungen zum selben Thema beim Geflügel ab Seite 37 hinweisen. Auch bei den Kaninchen ist ab einem Lebendgewicht von fünf Kilogramm die Anwendung eines Bolzenschussapparates mit stumpfer Betäubung nicht erlaubt. Hier muss die penetrierende Variante gewählt werden.

Glücklicherweise hat der Fachhandel hier Geräte entwickelt, die die gesetzlichen Anforderungen erfüllen. Sie sind wesentlich handlicher als ältere Modelle, leichter und haben einen angepassten Bolzendurchmesser für großes Geflügel und Kaninchen.

>>>> Fellspanner

Fellspanner benötigt man nur, wenn man das Kaninchenfell weiterverarbeiten möchte. Ein käuflicher Fellspanner ist aus Metall gefertigt. Im Grund ist er aber nichts anderes als ein zu einer mehr oder weniger dreieckigen Form gebogener Draht, wobei die beiden Schenkel nach außen drücken und das Fell dadurch spannen.

Selbstverständlich lassen sich Fellspanner auch selbst herstellen. In den Kleintierzuchtvereinen beziehungsweise in der Fachpresse gibt es immer wieder Bauanleitungen und die entsprechenden Informationen.

Schlachten von Kaninchen

Im Gegensatz zum Schlachten von Geflügel ist das Schlachten von Kaninchen durch weniger Schritte gekennzeichnet. Menschen, die schon lange schlachten, haben kaum Blut an den Fingern und können ein Kaninchen in wenigen Minuten fachgerecht schlachten. Hinzu kommt, dass man deutlich weniger Schlachtutensilien braucht.

>>>> Die Betäubung

Früher war der Handkantenschlag ins Genick des Kaninchens die Regel. Dazu wurde das Tier an den Hinterbeinen hochgehalten und ihm mit der freien Hand ein starker Schlag ins Genick versetzt. Manche verwendeten dazu auch einen Holzknüppel. Die Kaninchen waren damit sofort betäubt, manchmal kam es dabei allerdings zu unschönen Hämatomen am Genick. Deshalb gingen viele dazu über, den Betäubungsschlag von vorne auf den Kopf zu geben. Heute ist die stumpfe Betäubung aber nur noch bei Tieren bis zu fünf Kilogramm Lebendgewicht erlaubt.

Beim Betäuben mit einem Bolzenschussapparat muss darauf geachtet werden, dass er direkt am Ohrenansatz angesetzt wird und der Kopf fest aufliegt.

Die Betäubung mit dem Bolzenschussapparat hat bei den Kaninchen sehr schnell Einzug gehalten. Ab fünf Kilogramm Lebendgewicht muss es ein Bolzenschussapparat mit penetrierender Wirkung sein. Der Fachhandel hält die entsprechenden Geräte bereit.

- Zur Betäubung setzt man das Kaninchen auf eine rutschfeste, harte Unterlage und drückt den Kopf nach unten.
- Der Bolzenschussapparat wird unmittelbar am Ohrenansatz angesetzt, wobei die Bolzenrichtung nach vorne unten zeigen muss. Auf keinen Fall darf der Bolzenschussapparat an der Stirnpartie angesetzt werden. Dabei würde nur die Augen- oder Nasenhöhle getroffen werden und das Kaninchen wäre nicht betäubt. Auch der Schlag mit dem Holzknüppel bei entsprechend leichten Tieren darf nie auf die Stirn erfolgen.

>>>> Das Schlachten

Manche hängen das betäubte Kaninchen nun gleich auf und töten es anschließend. Ich gehe anders vor:

- Ich nehme das betäubte Kaninchen zwischen die Beine, und zwar so, dass ich es mit meinen Oberschenkeln fixiere. Mit einer Hand halte ich das Kaninchen am Genickfell und den Ohren. Mit der anderen Hand führe ich das Stechmesser an der Kehle ein, sodass die Halsschlagader durchtrennt wird. Man kann die Kehle auch ganz öffnen. Auf jeden Fall muss das Blut möglichst schnell austreten.
- Hat man in einen Eimer etwas Wasser getan, kann man das Kaninchen dort hinein ausbluten lassen. Währenddessen zeigt das Kaninchen noch Muskelzuckungen. Ich halte das Kaninchen daher so lange, bis es vollständig ausgeblutet ist und keine Muskelreaktion mehr zeigt. Das Blut-Wasser-Gemisch wird danach ausgegossen und der Eimer gereinigt.
- Sobald die Muskelzuckungen aufgehört haben, hänge ich das Kaninchen auf. Der Anfänger kann zuvor die Blase des Kaninchens entleeren. Dazu wird das Tier auf den Rücken gelegt. Mit leichtem Druck auf den Bauch streicht man mit der Handfläche nach hinten. Hat man vorher ein paar Küchentücher untergelegt, wird der austretende Urin gleich aufgesaugt. Mit etwas Erfahrung muss man das nicht mehr unbedingt machen. Die Schnittführung ist dann sicherer und man braucht nicht mehr die Angst zu haben, die Blase anzustechen.

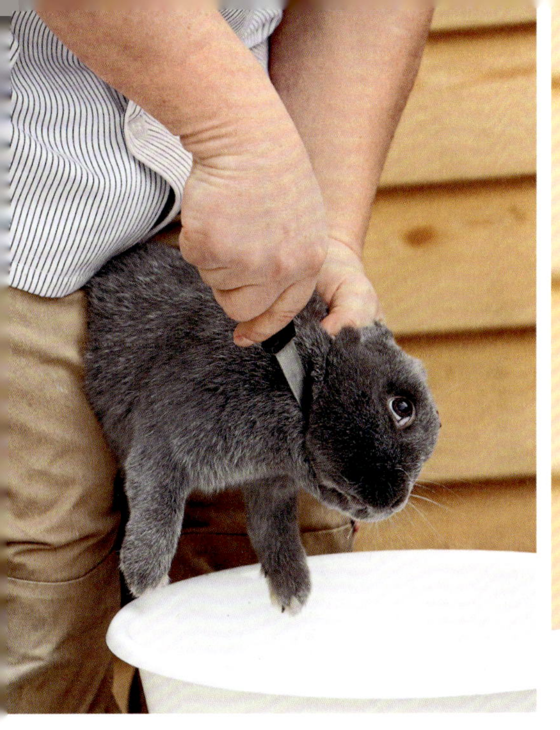

Links: Der Kehlschnitt wird mit einem sehr scharfen Stechmesser durchgeführt.

Rechts: Nachdem das Kaninchen vollständig entblutet ist, lässt es die Ohren nach vorn hängen. Jetzt kann es zum Fellabziehen aufgehängt werden.

>>>> Aufhängen des Kaninchens

Während bei anderen Tierarten, wie zum Beispiel Lämmern, das Fell oftmals im Liegen abgetrennt wird, werden Kaninchen zum Fellabziehen eigentlich immer aufgehängt.
Es wird so aufgehängt, dass die Bauchseite zum Metzger zeigt.

- Verwendet man ein **Schlachtkreuz**, ist zwischen der Achillessehne und dem Laufknochen an den Hinterläufen mit dem Stechmesser ein Schnitt zu machen. Die Haken des Schlachtkreuzes werden dann dort hindurchgeführt, und zwar so, dass die beiden Hinterläufe wie aufgeklappt wirken. Der Haken wird also jeweils von außen nach innen geführt.
- Es gibt auch Alternativen: Selbstverständlich kann man durch diesen Schnitt auch einen normalen **Fleischerhaken** führen und das Kaninchen daran aufhängen. Die einfachste Art ist es aber, **mit einer Schnur** eine Schlaufe zu binden und das Kaninchen dann an festen Nägeln oder Ähnlichem aufzuhängen. So war es wenigstens früher die Regel.
- Beim Aufhängen ist darauf zu achten, dass die Hinterläufe möglichst weit auseinander aufgehängt werden. Das erleichtert später das Abziehen des Felles. Bei einem Schlachtkreuz lässt sich die Spreizung individuell anpassen, sodass dieses für alle Größen von Kaninchen geeignet ist.

Zwischen Achillessehne und Gelenk wird das Fell durchstochen; durch diese Öffnung werden die Haken zum Aufhängen gesteckt.

>>>> Das Fell abziehen

Beim Abziehen sollte man ein scharfes Messer verwenden. Ich persönlich favorisiere ein Messer mit einer kürzeren Klinge, da ich es handlicher finde. Zu Beginn ist es vielleicht etwas einfacher, eine Häsin zu schlachten. Bei Rammlern, also männlichen Tieren, vor allem auch älteren, sitzt das Fell viel fester und das ganze Schlachten ist mit einem größeren Kraftaufwand verbunden.

- Als erster Schnitt wird das Fell vom After zum Sprunggelenk eines Hinterbeines etwa vier bis sechs Zentimeter aufgeschnitten. Dabei ist es sinnvoll, die Fellhaut am Anfang etwas anzuheben. Man muss darauf achten, nur die Fellhaut einzuschneiden und nicht das Fleisch. Mit der Hand wird nun das Fell rings um den Hinterschenkel abgelöst. Am anderen Schenkel genauso verfahren. Nun wird das Fell am Sprunggelenk abgeschnitten.
- Danach wird, ebenfalls mit der Hand, das Fell am Bereich des Afters gelöst und dann abgeschnitten. Auch am Oberrücken zum Bereich der Blume (Schwanz) hin wird das Fell abgelöst. Zieht man das Fell an der Blume etwas weg, kann man es mit dem Messer vollends freischneiden. In diesem Moment sollte das Fell im hinteren Bereich vollkommen frei sein.
- Nun kann man das Fell vorsichtig nach unten ziehen. Aufpassen muss man im Bereich der Bauchdecke. Hat man nämlich hier nicht weit genug gelöst, kann es sein, dass

die Bauchdecke einreißt. Merkt man also, dass es hier nicht frei ist, sollte man mit dem Messer etwas nachhelfen. Ist das gelungen, zieht man das Fell mit beiden Händen weit herunter.

› Die Vorderläufe macht man am besten mit den Händen frei. Dazu sollte man noch etwas fester am Fell ziehen. Unter Umständen muss man mit dem Messer in der Laufbeuge durchstechen, um das Fell vollends herunterziehen zu können. Am Fußgelenk kann man dann das Fell mitsamt der Pfote abschneiden.

Links: Am Innenschenkel wird das Fell vorsichtig eingeschnitten …

Rechts: … und etwa so weit geöffnet.

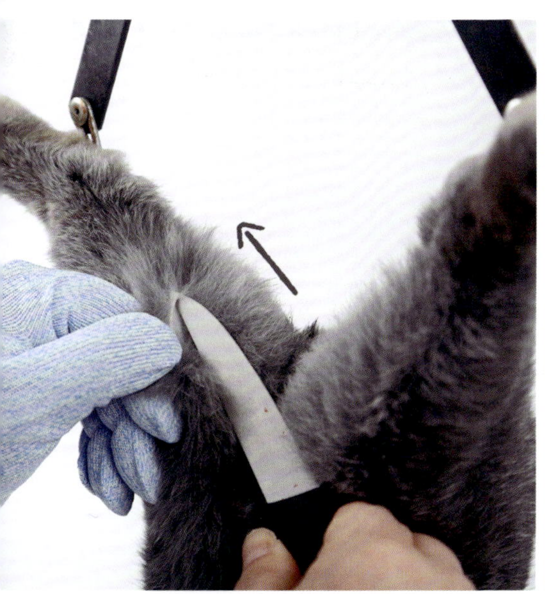

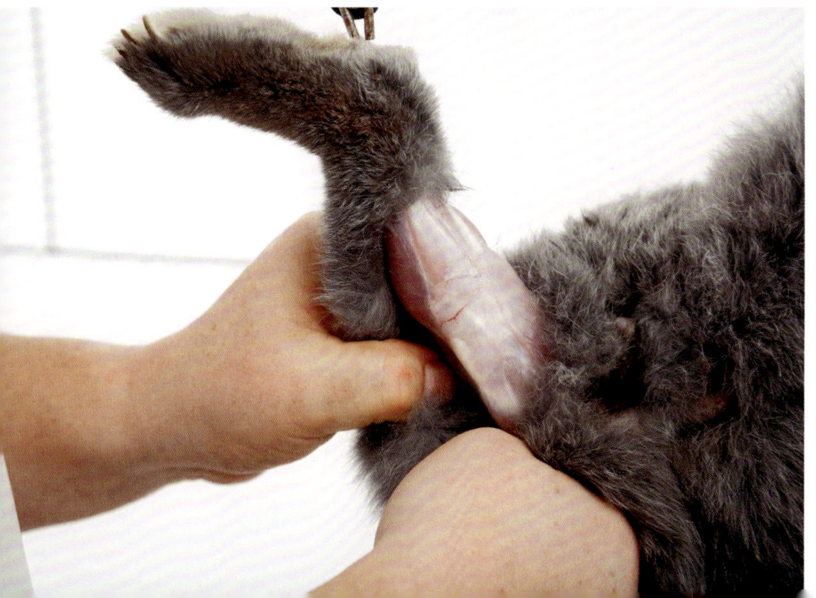

Mit den Fingern wird nun das Fell rings um den Schenkel abgelöst.

Jetzt ist auf beiden Seiten das Fell von den Schenkeln gelöst.

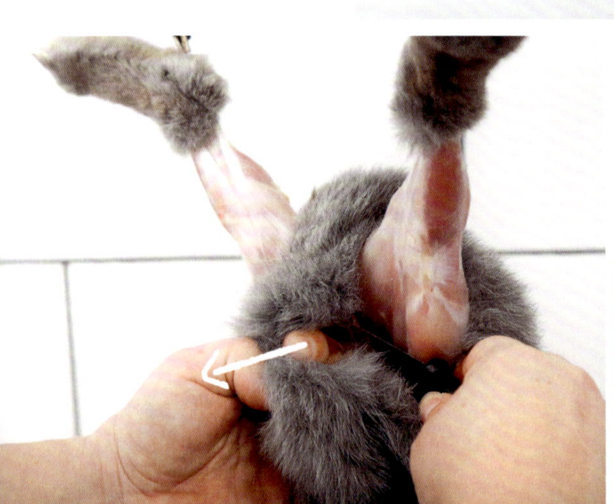

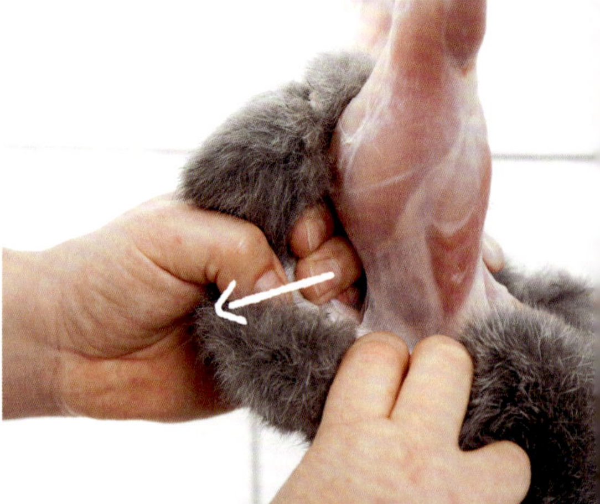

Links oben: Zwischen Fell und Bauchdecke werden nun die Finger durchgesteckt und nach vorne gezogen.

Rechts oben: Am Rücken wird mit den Fingern das Fell abgelöst und nach vorne unten gezogen.

Beiderseits der Schwanzwurzel wird das Fell nun eingeschnitten und abgetrennt.

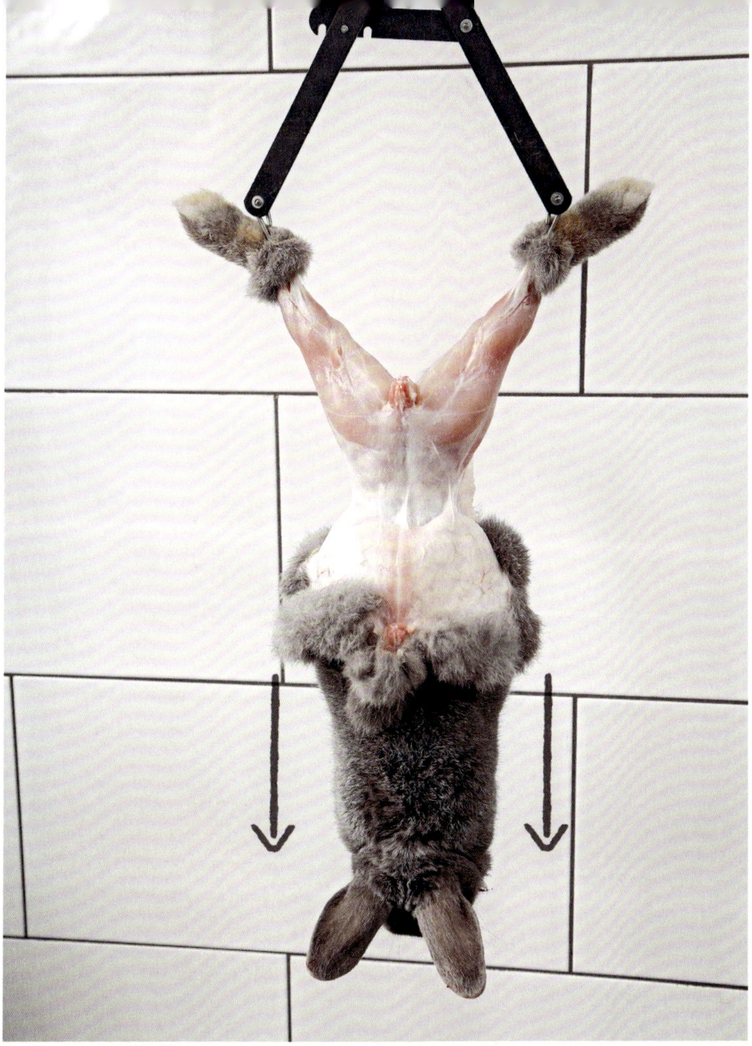

Wenn das Fell so weit abgelöst ist, kann es mit beiden Händen kraftvoll nach unten abgezogen werden.

Links unten: Das Fell wird bis über den Kopf gezogen. Im Bereich der Vorderlaufbeuge muss entweder mit dem Messer oder mit dem Finger durchstochen werden …

Rechts unten: … erst dann lässt sich das Fell über den Rest der Vorderläufe ziehen.

1 Brustkorb
2 Oberarm

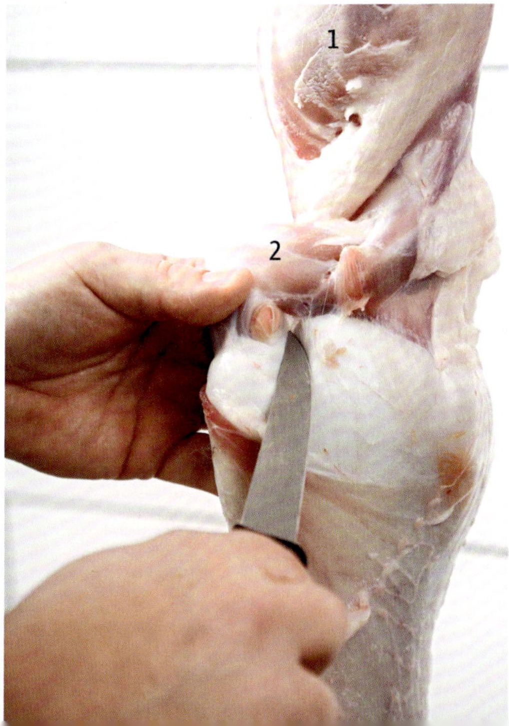

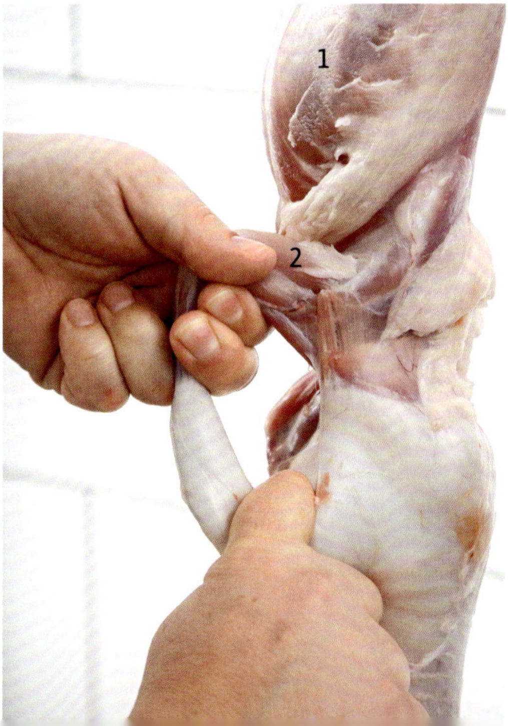

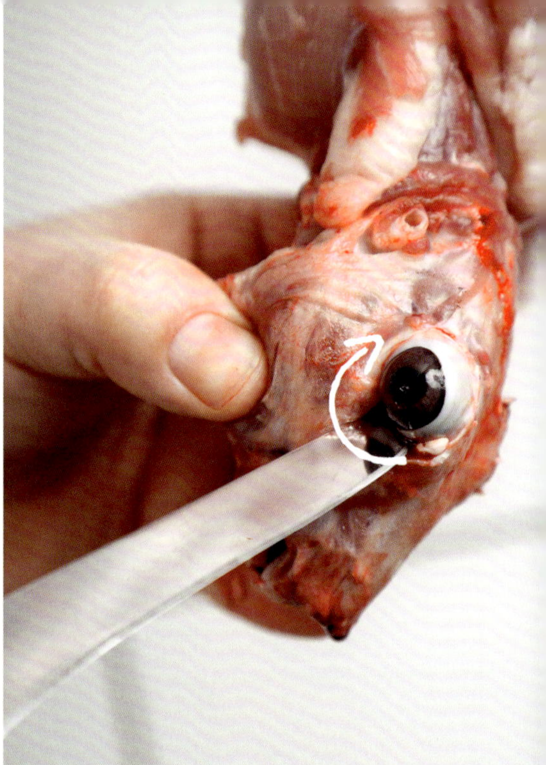

Links: Um das Fell am Kopf abzuziehen, muss man Stück für Stück freischneiden. Vor allem am Ohrenansatz muss bis auf die Wurzel durchgeschnitten werden.

Rechts: Der Augapfel wird mit einer Drehbewegung aus der Augenhöhle herausgelöst und abgeschnitten.

- Manche verzichten auf das Abziehen des Kopfes. Es gibt aber recht viele Gourmets, die gerade das Kopffleisch besonders lieben. Um den Kopf abzuziehen, muss man das Fell bis zu den Ohrmuscheln herunterziehen. Nun greift man die Ohrmuschel und schneidet sie möglichst nah am Kopf ab. Da das Fell am Kopf recht fest sitzt, muss man hier mit dem Messer nacharbeiten. Vor allem um die Augen ist besonders vorsichtig zu arbeiten. Der Augapfel wird mit den Fingern leicht angehoben, mit einem spitzen Messer daruntergefahren und in einer Kreisbewegung abgeschnitten.
- Wer das Kopffleisch nicht essen mag, braucht sich die Mühe des Abziehens nicht zu machen und kann den Kopf mitsamt Fell abschneiden. Wer das Fell jedoch abzieht, trennt den Kopf erst im Zuge des Zerlegens ab.
- Gerade beim Abziehen des Kopfes, aber auch generell beim Fellabziehen kommt man mit Blut in Berührung. Um den Schlachtkörper möglichst sauber zu halten, sollte man hier immer wieder die Hände waschen. Nachdem das gesamte Fell abgezogen ist, muss man auf jeden Fall noch einmal gründlich die Hände waschen und vor allem abtrocknen. Dann lassen sich nämlich eventuelle Haare leicht entfernen.

Zum Schluss noch eine Anekdote aus meiner Kindheit: Wenn ich mich zurückerinnere, dann wurden von einem Cousin meines Opas zu Weihnachten immer drei frisch geschlachtete Kaninchen gebracht – mit Kopf und Fell an einem Hinterlauf. Als Kinder machten wir uns einen Spaß daraus, aufgrund der Fellfarbe am Lauf zu erahnen, wie das Kaninchen wohl mit Fell ausgesehen hat. Auch wenn das Belassen von Kopf und Fellresten vielleicht etwas sonderbar anmutet, hatte das damals durchaus einen Sinn: Es war eine Zeit, in der man einhundertprozentig wissen wollte, dass es wirklich ein „Stallhase" und kein „Dachhase" (Katze) war. Diese Tradition wird in Württemberg von einigen übrigens bis heute gepflegt: Geben sie ein geschlachtetes Kaninchen ab, lassen sie einen Fuß samt Fell daran. Das bleibt aber jedem selbst überlassen. Für manche ist es bestimmt abstoßend.

>>>> Die Bauchdecke öffnen

Unterhalb des Beckens hebt man nun die Bauchdecke leicht an und schneidet sie ganz vorsichtig ein. Nun werden Zeige- und Mittelfinger hineingesteckt und gespreizt. Zwischen die Finger wird vorsichtig das Messer geschoben. Gleichzeitig werden nun Finger und Messer nach unten bis zum Beginn des Brustbeines geschoben und die Bauchdecke dadurch geöffnet.

>>>> Ausweiden

Wie beim Geflügelschlachten haben viele Menschen gerade bei diesem Schritt die größten Befürchtungen. Diese sind aber völlig unbegründet. Denn im Gegensatz zum Geflügel, wo man in die Bauchhöhle und damit ins „Ungewisse" greifen muss, arbeitet man beim Kaninchen auf „Sicht".

- Zuerst kann man das Gedärm und den Magen vorsichtig herausnehmen. Meistens kommt die Leber gleich mit heraus. Bleibt sie zunächst noch mit im Brustkorb, nimmt man sie danach separat heraus und legt sie auf die Seite. Da an der Leber die Galle dranhängt, sollte man sie vorsichtig behandeln.
- Anschließend wird mit dem Messer der Brustkorb aufgeschnitten, und zwar bis zum Kopf. Dadurch können das Herz, die Lunge sowie die Luft- und Speiseröhre entnom-

Zum Öffnen der Bauchdecke wird das Messer zwischen Zeige- und Mittelfinger von oben nach unten geführt.

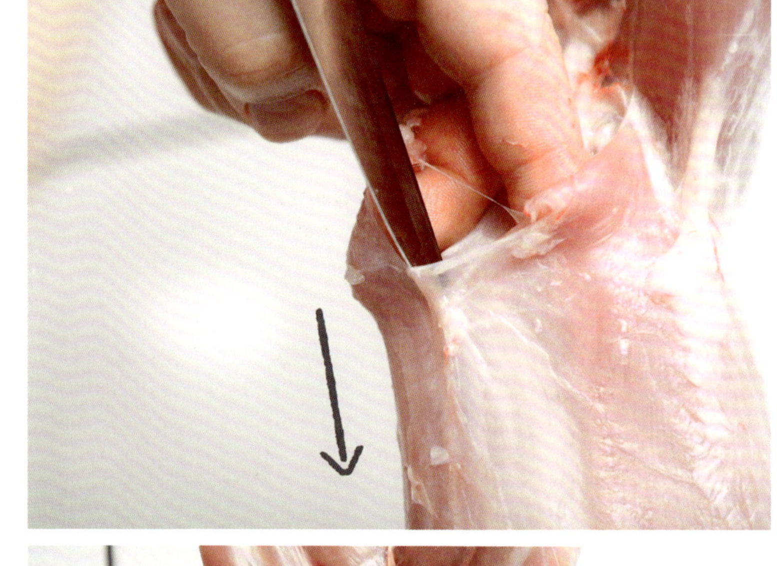

Ist die Bauchdecke geöffnet, kann das nach vorne gefallene Gedärm samt Innereien entnommen werden.

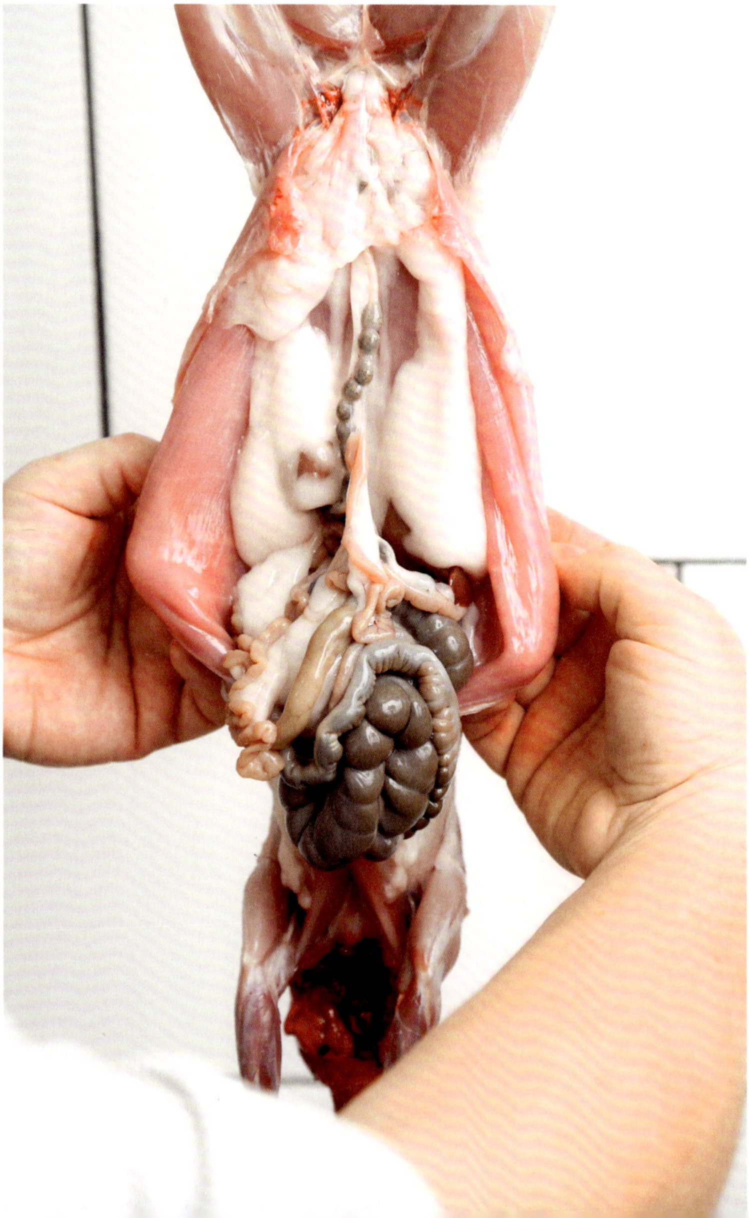

men werden. Während man Herz und Lunge mit einem kräftigen Ruck entfernt, muss man im Halsbereich eher das Messer ansetzen.

- Das Zwerchfell lässt sich nun ebenfalls mit dem Messer herausschneiden.
- Als Nächstes wird der Schlachtkörper im Beckenbereich „aufgeschlossen“. Dazu schneidet man mit einem Messer genau in der Mitte der Schenkel etwas ein. Nun werden die Schenkel mit der Hand nach außen gedrückt, sodass

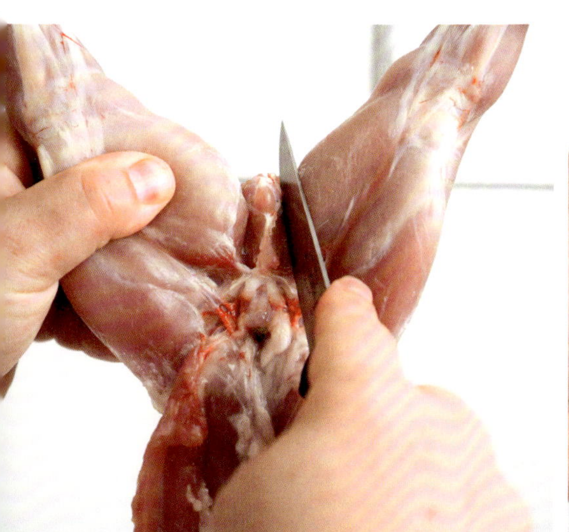

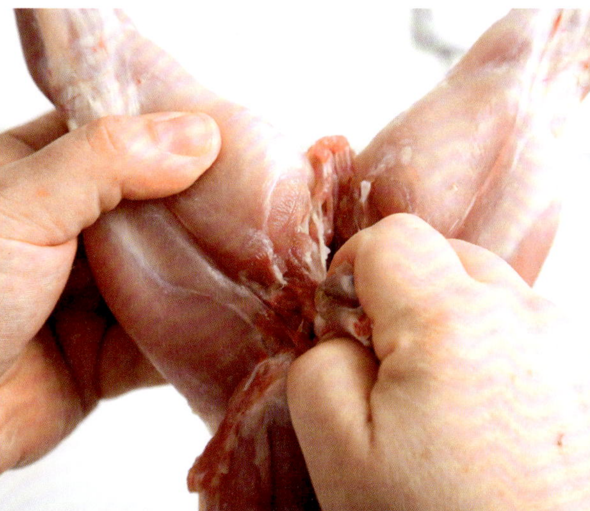

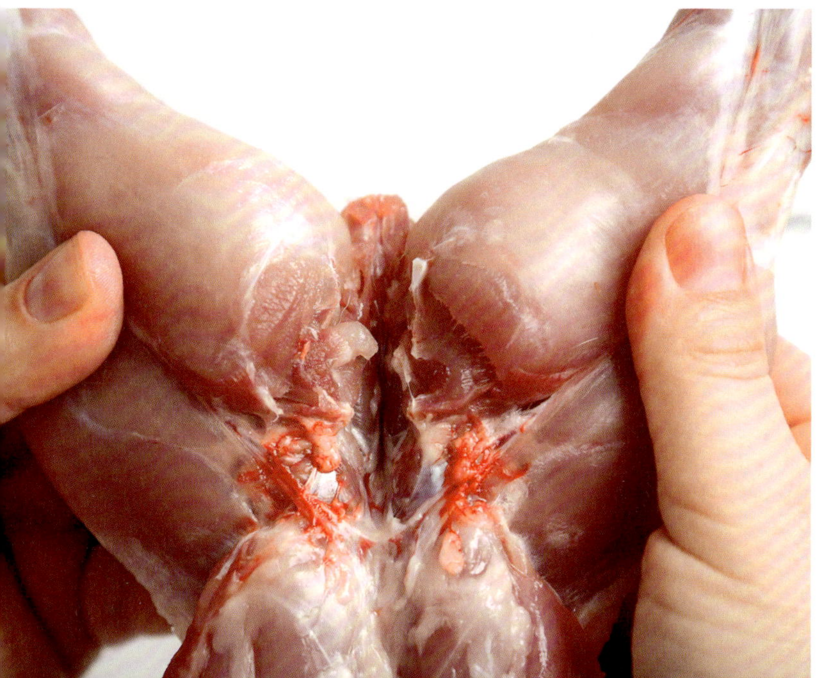

Links oben: Links und rechts vom Schenkelansatz wird eingeschnitten, um das Becken aufbrechen zu können.

Rechts oben: Ist das Becken aufgebrochen, können der After sowie eventuelle Reste des Darmes vollständig entnommen werden.

Links: So muss es aussehen, wenn alles sauber entfernt wurde.

Rechte Seite: Ausgenommener Schlachtkörper, den man eventuell noch etwas abwaschen und dann kaltstellen kann.

die Knorpel brechen. Das hört man sehr gut, sodass man schnell weiß, wie weit man drücken muss. Ich favorisiere ein Nachschneiden mit Schere oder Schneidzange. Dabei wird beiderseits des Darms der Knochen vollends durchschnitten. Dadurch lassen sich der After und die Reste der Geschlechtsteile und des Darmes vollständig mit der Hand herausziehen.

- Nun kann man die beiden Nieren aus der Bauchöffnung nehmen. Am besten geschieht das, wenn man sie mitsamt dem Nierenfett herausnimmt und dann herausdrückt. Überhaupt sollte man das innenliegende Fett herausnehmen. Entweder man schneidet es heraus oder trennt es mit den Fingern ab. Manche lassen das Fett auch noch etwas im Körper und nehmen es erst nach dem Durchkühlen heraus. Das hat den Vorteil, dass man es dann sehr sauber und restlos entfernen kann.
- Zum Schluss muss noch die Gallenblase, wie beim Geflügel auf Seite 65 beschrieben, von der Leber entfernt werden.

>>>> Den Schlachtkörper säubern

Nachdem der Schlachtkörper vollständig ausgenommen ist, sollte man ihn reinigen. Am besten macht man das unter fließendem kaltem Wasser. Dabei sollte man das Kaninchen mit einer Hand an den noch mit Fell behafteten Hinterfüßen festhalten und üppig spülen. Mit der anderen Hand kann man den Schlachtkörper richtig abreiben, sodass auch kleinste Blutflecken entfernt werden. Vor allem der Halsbereich und der Kopf müssen gut abgerieben werden. Unter Umständen haben sich nämlich hier Blutgerinnsel gebildet, die nicht schön aussehen.

Nach dem Waschen sollte man das Kaninchen zum Abtrocknen aufhängen. Dabei wird man gerade als Anfänger erstaunt sein, wie lang ein Kaninchen im geschlachteten Zustand ist. Wer kann, sollte in einer Wand einen Haken zum Aufhängen anbringen. Dabei versteht es sich von selbst, dass die Wand gefliest sein muss. Unter Umständen kann man als Aufhängung auch das Schlachtkreuz verwenden.

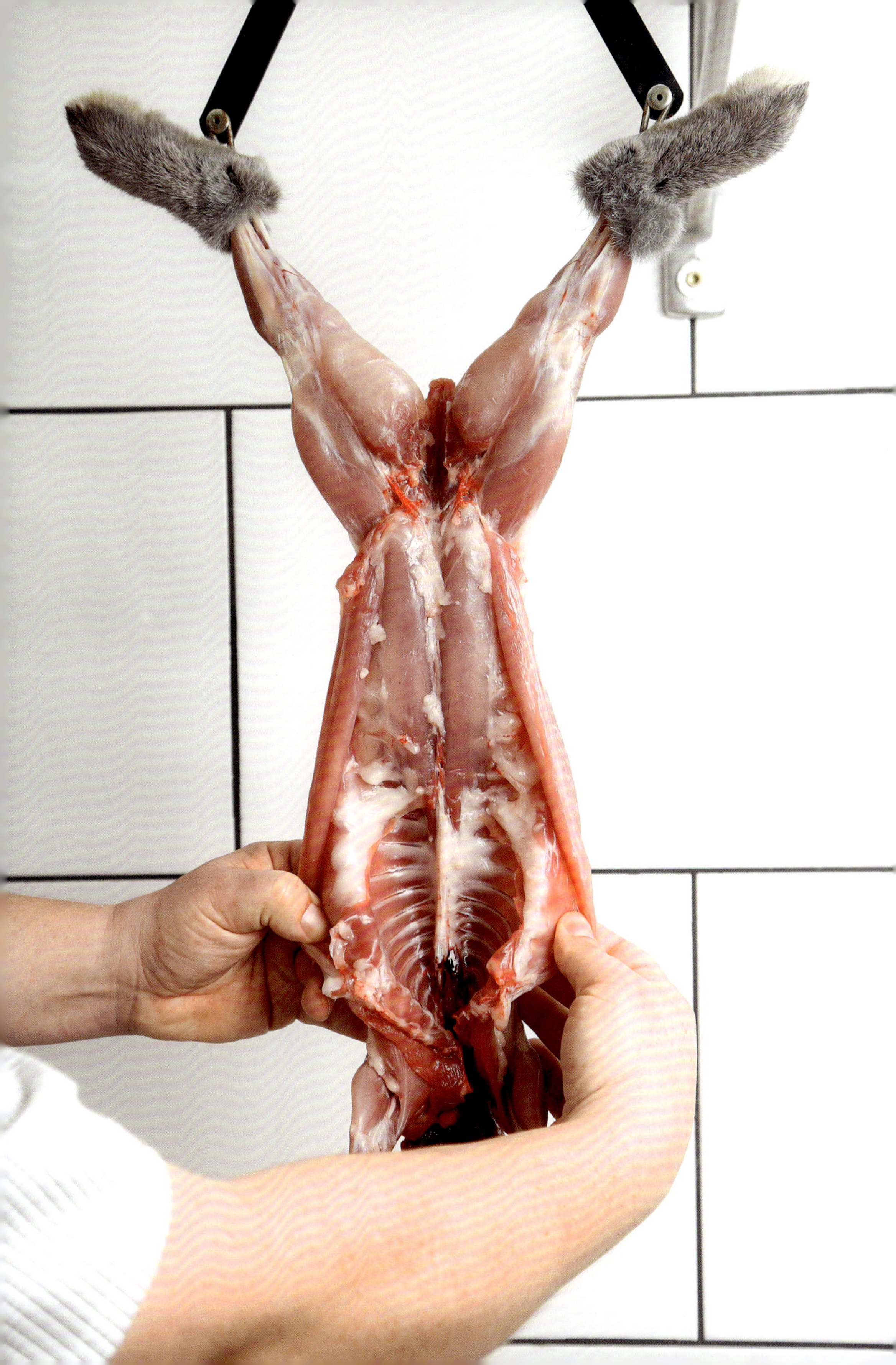

Die Gallenblase muss ganz vorsichtig, von ihrer spitzen Seite aus, von der Leber gelöst werden.

>>>> Innereien aufbereiten

Die Innereien des Kaninchens werden als sogenannter „Kaninchenpfeffer“ von vielen Feinschmeckern geschätzt. Da die Nieren vom umgebenden Fett bereits befreit sind, braucht man an ihnen nichts mehr zu machen. Das Herz wird eingeschnitten und die Herzkammern mit reichlich kaltem Wasser gespült. Bei der Leber darf man nicht vergessen, dass die Gallenblase entfernt werden muss.

>>>> Kalt stellen

Sobald das Kaninchen abgetrocknet ist, sollte man es in den Kühlschrank zum Kühlen stellen. Eine Kerntemperatur von etwa 4 °C ist optimal. Hierbei kann es nötig sein, das Kaninchen etwas „einzurollen“, um es überhaupt in den Kühlschrank zu bringen. Schließlich haben die wenigsten einen speziellen Kühlschrank, in den man Schlachtkörper hängen kann, zum Beispiel einen Wildkühlschrank.

Aufgrund der Größe wird man also ein Kaninchen möglichst schnell zerteilen wollen. Bevor man dies aber machen kann, muss der Körper völlig durchgekühlt sein. Nur dann gelingt das exakte Schneiden.

Kaninchen zerlegen

Die Personenanzahl in einer Familie wird immer kleiner, Großfamilien sind die Ausnahme – da ist es nicht verwunderlich, dass das Kaninchen als Ganzes viel von seiner Bedeutung in der Küche verloren hat.

Darüber hinaus sind die Garzeiten der Teilstücke ganz unterschiedlich. Richtig zerlegt kommen deshalb die Vorteile des Kaninchens so richtig zur Geltung.

Für das Zerlegen eines Kaninchens braucht man am besten zwei verschiedene Messer: zum einen ein ganz normales Messer, wie es der Handel als Ausbein- oder Zerlegemesser anbietet, und zum anderen ein Universalmesser mit Wellenschliff, wie man es von Brotmessern her kennt. Schauen Sie gerade beim letztgenannten Messer nach einer möglichst hohen Klinge. Da die Knochen des Kaninchens leicht splittern, kann mit einem solchen Wellenschliffmesser der Knochen besser „gesägt" werden. Selbstverständlich kann man dazu auch eine handelsübliche Knochensäge verwenden. Die gibt es heutzutage in einem handlichen Format im Metzgereifachhandel.

Die Teilstücke des Kaninchens sind die Keulen, der Rücken, die Bauchlappen, der Kopf sowie die Brust mit den Vorderläufen. Ich persönlich nehme die Vorderläufe vom Brustbereich ab, sodass hier ein zusätzliches Teilstück entsteht.

› Als erstes trennt man – falls nicht schon geschehen – den **Kopf** vom Hals ab. Dazu legt man das Kaninchen auf die Rückenseite und setzt das Wellenschliffmesser direkt an der Kehle an und schneidet den Kopf ab.
› Als Nächstes wird der **hintere Schlegel** etwas zur Seite gedrückt. Nun wird mit dem Messer bis auf das Gelenk geschnitten. Mit der Hand wird die Keule dann so weit nach außen gedrückt, bis das Gelenk aufbricht. Mit dem Messer kann man nun in das Gelenk fahren und die Keule komplett abschneiden. Auf der anderen Seite wird dieser Vorgang dann wiederholt.
› Anschließend wird der **Vorderlauf** ebenfalls zur Seite gedrückt. Im Vergleich zur hinteren Keule muss man hier etwas stärker drücken. Beim Abtrennen mit dem Messer sollte man aufpassen, dass man unter das Schulterblatt fährt. Nur dann lässt sich nämlich der Vorderlauf komplett lösen.

Im Vergleich: Gesamter Schlachtkörper eines Kaninchens als Ganzes und die einzelnen Teilstücke.
1 Bauchdecke
2 Keulen
3 Filet
4 Rücken
5 Vorderläufe
6 Kopf
7 Brustkorb
8 Hals
9 Schwanz mit Rückenstück
10 Nieren

- An den hinteren Rippen sitzt der **Bauchlappen**, der nun nach hinten mit dem Messer abgeschnitten werden kann. Dabei sollte man nicht zu hoch in den Rücken schneiden, sonst wird dieses besonders wertvolle Teilstück beschädigt.
- Mit dem Wellenschliffmesser trennt man nun den **Rücken** vom Brustkorb, und zwar an der Stelle, an der die hinteren Rippen enden. Wer will kann den Schwanzansatz vom restlichen Rücken ebenfalls abschneiden.
- Für die Weiterverarbeitung in der Küche ist der Brustkorb mit dem daran befindlichen Halsstück schwierig zu verwerten. Zunächst schneidet man den Hals mit dem Wellenschliffmesser ab und legt ihn zur Seite. Danach werden mit demselben Messer die Rippen am Rückgrat durchgeschnitten, und zwar nur so weit, dass die Rippen durchtrennt, die darunterliegende Haut aber noch die

Verbindung zum Rückgrat hält. Dann lässt sich der Brustkorb flach drücken. Am besten klappt das, wenn man das Messer im Körperinneren ansetzt und nach außen schneidet. Dann sind die einzelnen Rippen deutlich zu erkennen. Bei der Messerführung muss man aber vorsichtig vorgehen. Sonst kann es vorkommen, dass das Rippenstück komplett abgetrennt wird.

>>>> Ausbeinen

Sowohl Vorderläufe als auch die Keulen werden beim Kaninchen in der Regel nicht ausgebeint. Bei den anderen Partien hat das Ausbeinen den großen Vorteil, dass auch die sonst als eher minderwertig angesehenen Teilstücke wie der Rippenbereich und der Bauchlappen optimal genutzt werden

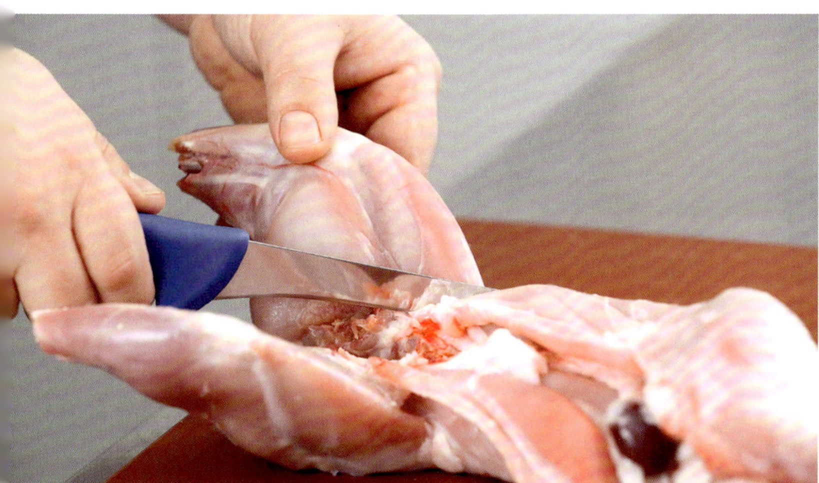

Beim Ablösen ist immer darauf zu achten, die Gelenke als natürliche Schnittstelle zu nutzen, wie hier bei den Keulen.

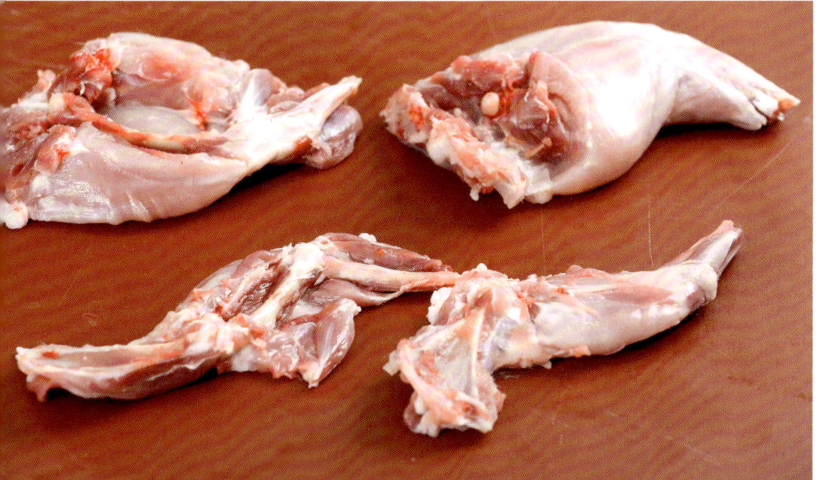

Vorderläufe und Keulen – einmal mit Knochen und einmal mit zur Auslösung vorbereiteten Knochen.

Möglichst nah am Rückgrat werden die Rippen mit einem Wellenschliffmesser durchtrennt.

Links unten: Die Rippenhaut wird mit einem Messer gleichmäßig abgeschabt.

Rechts unten: Mit einer Schnur können die einzelnen Rippen nun herausgezogen werden.

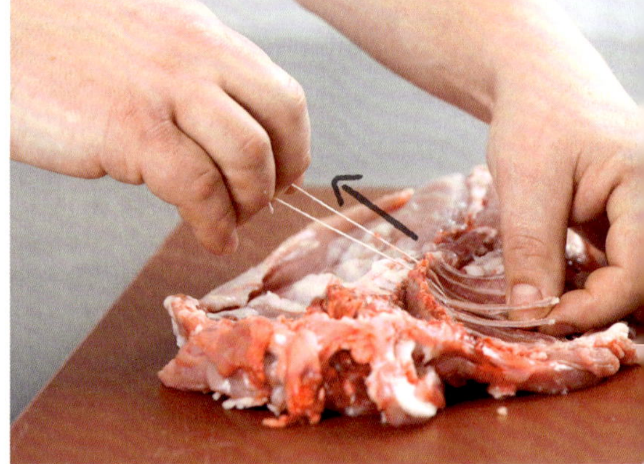

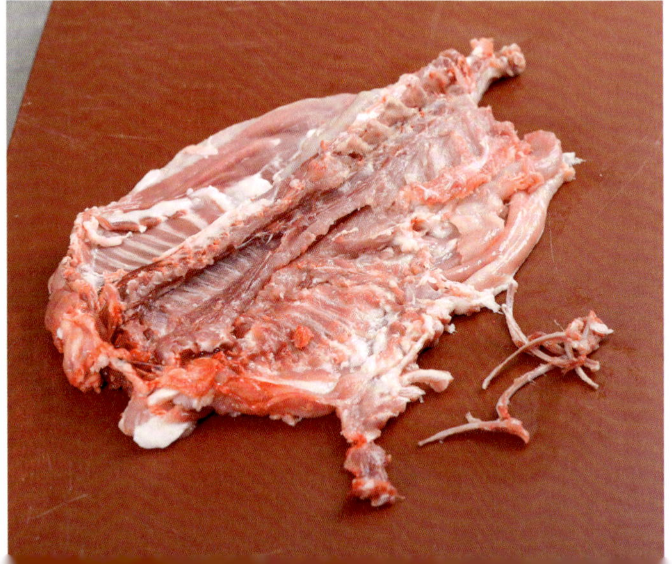

Die Rippen müssen vollständig entfernt werden.

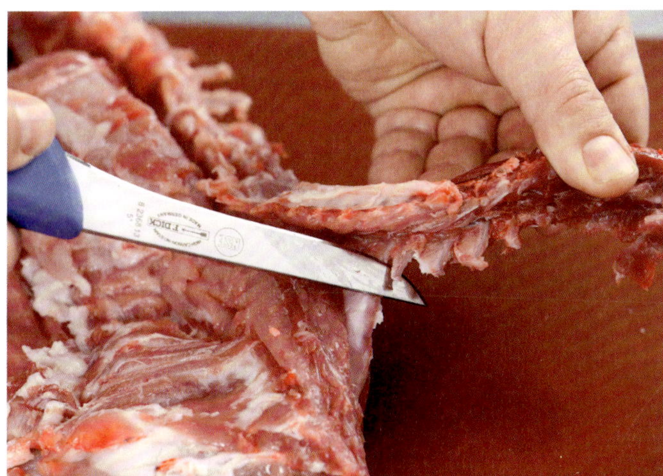

Das Rückgrat wird Zentimeter für Zentimeter möglichst nah am Knochen mit einem scharfen Messer gelöst.

Komplett herausgelöstes Rückgrat neben dem ausgebeinten Kaninchen.

können. Die Stücke lassen sich dann sehr leicht verarbeiten und können später die Basis für einen Rollbraten bilden. Da dies auch für den eher Ungeübten leicht funktioniert, möchte ich das Ausbeinen hier beschreiben.

Zuvor wurden bereits der Kopf, die Vorderläufe und die Keulen abgetrennt. Man hat also nun einen reduzierten Schlachtkörper vor sich liegen.

- Man dreht den Schlachtkörper auf den Rücken und schneidet mit dem Wellenschliffmesser die Rippen am Rückgrat durch. Dabei ist darauf zu achten, dass nur so tief geschnitten wird, dass die Rippen durchtrennt sind, aber der Rippenbereich nicht völlig abgeschnitten wird.
- Nun drückt man mit der Hand den Brustkorb etwas zur Seite. Mit einem Messer schabt man anschließend an der Rippeninnenseite die dünn darüberliegende Haut ab. Verwenden Sie dazu nicht ihr neuestes Messer, schließlich wird die Schneide dabei auf dem Knochen geführt. Ich nehme dazu immer ein altes Schlachtmesser, das nicht mehr die volle Schärfe hat.
- Genau an der Schnittstelle ragen nun die Rippenansätze etwas heraus. Jetzt wird mit einer stabilen Schnur, ideal geeignet ist sogenannte Metzgerschnur, eine Schlaufe gebunden, die etwa 15 Zentimeter im Durchmesser hat. Mit der Schnur muss man nun unter die erste herausragende Rippe fahren, sodass die Schnur eng anliegt. Mit der freien Hand wird die Rippe am unteren Rippenbereich gehalten, während die andere Hand die Schnur stramm nach unten zieht. Dadurch wird die Rippe freigelegt. Diesen Vorgang wiederholt man an allen Rippen. Am Übergang zum Bauchlappen gibt es kürzere Rippen, die man nicht vergessen darf. Eventuell muss man hier nochmals nachschaben.
- Entweder die Rippen gehen nun ganz heraus oder hängen noch etwas am Brustknorpel. Mit einem Messer kann man diesen nun möglichst flach abtrennen. Dazu fährt man mit dem Messer direkt unter den Knorpel.
- Nun werden die beiden Filets herausgearbeitet, die direkt unter dem Rücken liegen. Sie können ruhig vollständig herausgeschnitten und später separat verwendet oder in den Rollbraten eingewickelt werden.
- Wurden die Filets exakt herausgeschnitten, sind die Lendenwirbel sichtbar. Jetzt wird es etwas diffiziler. Mit dem Messer wird nun jeder einzelne Lendenwirbel freigearbeitet, bis das gesamte Rückgrat freiliegt. Dabei wird von hin-

ten nach vorne, also zum Hals hin gearbeitet. Das Messer sollte immer schräg zum Rückgrat schneiden und nicht senkrecht zum Schneidebrett. Sonst kann es vorkommen, dass das Fleisch komplett abgetrennt wird.

- Ist das Rückgrat freigelegt, beginnt man, vom Hals her jeden einzelnen Halswirbel auf dieselbe Weise auszulösen. Anschließend kann der gesamte „Rückenknochen" entfernt werden. Es entsteht dann eine mehr oder weniger rechteckige Fleischfläche.
- Mit der flachen Hand fühlt man nochmals, ob irgendwo ein Knochen oder auch nur ein Knochenstück übersehen wurde.

Sollten am Anfang vor allem im Bereich des Rückens ein paar Löcher entstehen, die durch heftiges und vielleicht ungeschicktes Hantieren mit dem Messer entstanden sind, macht das nichts. In der Regel wird der Rollbraten mit Speck umwickelt, sodass diese Löcher leicht verdeckt werden. Auch hier gilt also, dass es die Übung macht.

Übrigens: Die Knochen sollte man nach dem Ausbeinen auf keinen Fall wegwerfen. Sie bilden die Grundlage für einen Fond oder eine Suppe.

Die Teilstücke in der Küche

Obwohl das Kaninchen früher fast immer am Stück beziehungsweise alle Teilstücke auf einmal zubereitet wurden, ist das nicht der Weisheit letzter Schluss. Das führt auch nur zu einem gelungenen Mahl, wenn man alles schmort und dadurch einen absoluten Garzustand erreicht. Sinnvoller ist es aber auch beim Kaninchen, wenn man die unterschiedlichen Teilstücke getrennt voneinander verwertet. Dadurch kann auf die besonderen Fleischstrukturen und die unterschiedlichen Garzeiten Rücksicht genommen werden.

Teilstück	Verwendung in der Küche
Vorderlauf	schmoren, grillen
Keule	braten, schmoren, grillen
Rücken	braten, schmoren
Filet	grillen, kurzbraten
Bauchlappen	grillen, schmoren, Rouladen
Brustkorb	grillen, schmoren
Innereien	kurzbraten, schmoren, für Füllungen

Das sagt das Gesetz

Tierschutz und Hygiene: wissen, was man tut

Der Umgang mit Tieren ist heute alles andere als normal. Auch wenn die Zahl der Haustiere immer mehr ansteigt, kann man eine zunehmende Entfremdung vom Tier feststellen.

Im Heimtierbereich zeigt sich dies in meiner Meinung nach perversen Auswüchsen, wie lackierten Krallen bei Hunden. Und in der landwirtschaftlichen Tierhaltung werden die Bestandszahlen so groß, dass eine Auseinandersetzung mit dem einzelnen Tier wohl kaum noch möglich ist. Rechtliche Rahmenbedingungen sind also unbedingt erforderlich. Selbstverständlich trifft dies auch auf den Umgang mit Tieren beim Schlachten zu. Und es steht wohl außer Frage, dass das Schlachten mit der größtmöglichen Sorgfalt und Ehrfurcht vor dem Tier zu geschehen hat.

Schlachten darf eigentlich jeder, wenn er sachkundig, also dazu fähig ist. Das gilt insbesondere auch, wenn man für den „Hausgebrauch" in der Familie hin und wieder ein Stück Geflügel oder Kaninchen schlachtet. Das beinhaltet selbstverständlich, dass man sich auf jeden Fall entsprechend informieren und sicher fühlen muss.

In der Tierschutz-Schlachtverordnung (TierSchlV) wird detailliert ausgeführt, dass jeder, der Tiere betreut, ruhigstellt, betäubt, schlachtet oder tötet, über die hierfür notwendigen Kenntnisse und Fähigkeiten verfügen muss. Unter Umständen benötigt man sogar einen schriftlichen **Sachkundenachweis**. Das ist zum Beispiel der Fall, wenn man Geflügel oder Kaninchen im Rahmen seiner beruflichen Tätigkeit schlachtet und selbst in kleinen Mengen direkt an Endverbraucher oder den örtlichen Einzelhandel abgibt – auch dann, wenn es sich um eine reine Hobbyhaltung handelt.

Der offizielle Sachkundenachweis ist bei der zuständigen Behörde oder der sonst nach Landesrecht beauftragten Stelle zu beantragen. In den meisten Fällen sind dies die Veterinärämter der Land- und Stadtkreise. Entsprechende Lehrgänge werden unter anderem bei den landwirtschaftlichen Forschungseinrichtungen der Bundesländer angeboten. Beide

Stellen sind also die idealen Informationsquellen. Für den Sachkundenachweis ist sowohl eine theoretische als auch eine praktische Prüfung abzulegen. Sie erstrecken sich auf Grundkenntnisse der Anatomie und Physiologie sowie der Chemie und Physik, soweit diese für die Betäubung von Belang sind, außerdem Kenntnisse über die verschiedenen Betäubungsverfahren und natürlich auch der tierschutzrechtlichen Vorschriften.

>>>> Die Tierschutz-Schlachtverordnung

Wie bei den meisten Gesetzen und Verordnungen ist die ausführliche Formulierung der „Tierschutz-Schlachtverordnung" ein wahres Wörter-Ungetüm. Die offizielle Bezeichnung lautet nämlich „Verordnung zum Schutz von Tieren im Zusammenhang mit der Schlachtung oder Tötung zur Durchführung der Verordnung (EG) Nr. 1099/2009 des Rates (Tierschutz-Schlachtverordnung – TierSchlV)".

Diese Verordnung regelt so ziemlich alles, was mit dem Schlachten zu tun hat. Natürlich beziehen sich die Ausführungen mehrheitlich auf die zugelassenen Schlachtbetriebe. Nichtsdestotrotz haben sie auch Gültigkeit für das Schlachten im privaten Bereich. Das wird unter der Bezeichnung „Hausschlachten" geführt, auch wenn die meisten Menschen darunter das Schlachten von Schweinen und anderen Großtieren verstehen. Wenn aber das Fleisch ausschließlich im eigenen Haushalt des Besitzers für den privaten Verbrauch gewonnen und verwendet wird, erfüllt es auch beim Geflügel und Kaninchen die Voraussetzungen für die Hausschlachtung.

Ein Großteil der Aussagen des Gesetzes bezieht sich auf korrekte Betäubungsmethoden. Hier sind die entsprechenden Stromstärken und -dauern aufgelistet, wie sie in den Schlachthöfen angewandt werden. Aber auch Hinweise zu Notschlachtungen werden gegeben, bis hin zum Genickbruch bei Geflügel ohne vorherige Betäubung. Gerade daran wird deutlich, dass diese Verordnung mehrheitlich auf die Zustände in den industriellen Schlachthöfen abzielt und weniger mit den Verhältnissen im privaten Bereich zu tun hat.

Die in diesem Buch gemachten Ausführungen berücksichtigen die getroffenen Vereinbarungen der Verordnung, sodass man auf ein intensives Studium dieser verzichten kann. Wer jedoch einmal tiefer in die Materie einsteigen will, dem ist die Lektüre durchaus zu empfehlen.

>>>> Die Tierische Lebensmittel-Hygieneverordnung

Hygiene ist beim Schlachten und anschließendem Umgang mit Fleisch unverzichtbar. Die gesetzlichen Rahmenbedingungen dazu werden in der „Verordnung über Anforderungen an die Hygiene beim Herstellen, Behandeln und Inverkehrbringen von bestimmen Lebensmitteln tierischen Ursprungs (Tierische Lebensmittel-Hygieneverordnung –Tier-LMHV)" geregelt.

Von besonderer Bedeutung sind die dort enthaltenen Anforderungen an einen Schlachtraum, wenn Geflügel oder Kaninchen abgegeben werden, also nicht im engen privaten Bereich verbraucht werden. Sie sollen hier kurz aufgelistet werden:

› **Handwascheinrichtungen** für mit unverpacktem Fleisch umgehende Personen: fließendes kaltes und warmes Wasser, Seifenspender und Einmalhandtücher
› **Desinfektionseinrichtungen** für Arbeitsgeräte mit einer Wassertemperatur von mindestens 82 °C oder alternative Systeme mit gleicher Wirkung
› **Vorrichtungen oder Behältnisse**, damit das Fleisch nicht unmittelbar mit dem Fußboden oder den Wänden in Berührung kommt
› **evtl. abschließbare Einrichtungen** für die Kühllagerung von tierischen Nebenprodukten, insbesondere Schlachtabfällen
› **Kühleinrichtungen**, die gewährleisten, dass das Fleisch so schnell wie möglich auf die Kerntemperatur von 4 °C herabgekühlt und diese Temperatur bei der Lagerung eingehalten wird

Die genannten Anforderungen müssen zusammen in einem Raum oder in mehreren unmittelbar aneinandergrenzenden Räumen vorhanden sein. Im privaten Bereich können diese Anforderungen wohl in den seltensten Fällen eins zu eins umgesetzt werden – das braucht man auch nicht, wenn ausschließlich für den eigenen Bedarf geschlachtet wird. Als Anregungen sind sie aber durchaus hilfreich. Die Mindestausstattung ist oft mit minimalem Aufwand zu erreichen beziehungsweise der Menschenverstand sagt einem sowieso, dass einige Utensilien absolut notwendig sind, wenn man schlachten will: Man denke nur an ein Waschbecken, um die Hände zu waschen, und an eine Kühlmöglichkeit.

Schlachtabfälle entsorgen

Beim Schlachten fallen Schlachtabfälle an, das lässt sich nicht verhindern. Je nach Art und Größe des Tieres sind es einmal mehr oder weniger.

Verarbeitet man zum Beispiel das Fell weiter und verwertet die essbaren Innereien, sind die Schlachtabfälle sehr überschaubar: Es bleiben beispielsweise die Läufe, die Därme und das Blut übrig. Dennoch darf man sie nicht einfach so über den Hausmüll oder gar die Biotonne entsorgen.

In früheren Zeiten wurden die Schlachtabfälle fast immer im zum Haus gehörenden Misthaufen oder Kompost eingegraben. Je nach Lage des Hauses konnte es vorkommen, dass am nächsten Morgen von Marder oder Fuchs ein Loch gegraben und die Schlachtabfälle gefressen wurden. Manchmal wurden sie auch einem Jäger mitgegeben, der sie auf dem sogenannten Luderplatz auslegte. Ein verändertes Lebensumfeld und auch gesetzliche Rahmenbedingungen lassen eine solche Vorgehensweise heute selbstverständlich nicht mehr zu. Sie sind verboten.

Heute ist die Entsorgung von Schlachtabfällen im „Gesetz über die Beseitigung von Tierkörpern, Tierkörperteilen und tierischen Erzeugnissen (Tierkörperbeseitigungsgesetz – TierKBG)“ und im „Tierische Nebenprodukte-Beseitigungsgesetz (TierNebG)“ geregelt.
Die Grundlagen der Entsorgung von Tierkörpern, Tierkörperteilen und Tierkörper-Erzeugnissen sind:

- Die Gesundheit von Mensch und Tier darf durch Erreger übertragbarer Krankheiten oder toxischer Stoffe nicht gefährdet werden.
- Gewässer, Boden und Futtermittel dürfen durch Erreger übertragbarer Krankheiten oder toxischer Stoffe nicht verunreinigt werden.
- Es dürfen keine schädlichen Umwelteinwirkungen im Sinne des Bundes-Immissionsschutzgesetzes herbeigeführt werden.
- Die öffentliche Sicherheit und Ordnung darf nicht gefährdet oder gestört werden.

Soweit die Theorie. Je nach Landkreis können die konkreten Anforderungen dazu etwas unterschiedlich sein. Hauptanlaufstelle sind die Tierkörperbeseitigungsanstalten: Sie sammeln und verwerten die Schlachtabfälle gemäß den gesetzlichen Vorgaben. In manchen Landkreisen haben sie sogenannte Sammelstellen eingerichtet, wo man seine Schlachtabfälle abgeben kann. Entsprechende Informationen und Adressen haben die Veterinärämter.

Blick in einen ideal ausgestatteten Schlachtraum.

Fleischhygiene und Fleischbeschau

Bei der gewerblichen Schlachtung von Tieren sind eine Schlachttieruntersuchung und Fleischbeschau gesetzlich vorgeschrieben. Speziell ausgebildete Veterinäre sind dafür zuständig und in den Schlachthöfen und Schlachthäusern in der Regel vor Ort. Beim Schlachten von Geflügel und Kaninchen für den Eigenbedarf ist das nicht vorgesehen. Das heißt aber nicht, dass es nicht nötig ist. Ganz das Gegenteil ist der Fall.

Der einzige Unterschied ist, dass Sie als Schlachter diesen Part übernehmen müssen. Oder anders ausgedrückt, dass Sie die gesamte Verantwortung haben, ob das Fleisch genussfähig ist. Das sollte man nicht auf die leichte Schulter nehmen. Im Zweifelsfall muss es immer heißen, dass das Fleisch nicht verzehrt wird. Alles andere wäre leichtfertig und würde Ihre Gesundheit in Gefahr bringen.

Grundsätzlich unterscheidet man zwischen der Schlachttieruntersuchung und der Fleischbeschau. Bei der Schlachttieruntersuchung handelt es sich um eine Begutachtung des Tieres vor dem Schlachten. Es versteht sich von selbst, dass Sie nur gesunde und vitale Tiere schlachten. Kümmerer und kränkliche Tiere scheiden von vorneherein aus. Selbstverständlich gilt das auch für Tiere mit Verletzungen, Schwellungen, Abszessen, offenen Wunden, Brüchen oder sonstigen Auffälligkeiten.

Doch nicht nur darauf sollten Sie achten. Ein stark verschmutztes oder auch struppiges Gefieder/Fell kann ebenfalls ein Hinweis auf eine schwache Konstitution oder Gesundheit sein. Ganz zu schweigen von mangelnder Hygiene bei der Haltung. Stellen Sie so etwas aber öfter fest, müssen Sie die Haltungsbedingungen verbessern.

Auf keinen Fall dürfen Sie Fleisch von Tieren essen, wenn diese vorher Medikamente bekommen haben, die den Zusatz „Nicht bei Tieren anwenden, die für den menschlichen Verzehr bestimmt sind“ haben. Bei Medikamenten, die

Ein solch abgemagerter Schlachtkörper kann u. U. von einer Erkrankung stammen – Vorsicht ist angesagt.

diesen Zusatz nicht haben, müssen Sie unbedingt die Frist einhalten, die im Beipackzettel angegeben ist. Im Zweifelsfall sprechen Sie hier mit dem Tierarzt, der Ihren Tieren das Medikament verordnet hat.

Die eigentliche Fleischbeschau beginnt direkt nach dem Rupfen beziehungsweise dem Abziehen des Fells. Dann haben Sie zum ersten Mal einen Blick auf das eigentliche Fleisch. Ein einwandfreier Schlachtkörper hat eine gleichmäßige Färbung. Nur wenige Körperpartien sind etwas dunkler, was der Fleischfarbe geschuldet ist. So ist zum Beispiel das

Fleisch an den Läufen immer etwas dunkler. Das ist normal und kein Grund zur Sorge. Anders sieht es hingegen aus, wenn Körperstellen aus unerklärlichen Gründen dunkle, grüne oder gelbe Flecken zeigen. Dann müssen Sie der Sache auf den Grund gehen. Handelt es sich um eitrige Einschlüsse, Einblutungen, Hämatome oder andere für Sie unerklärliche Verfärbungen, sollten Sie den Schlachtkörper entsorgen. Dennoch sollten Sie schauen, wie es dazu kommen konnte. Ist zum Beispiel der Schlachtkörper nur ungenügend ausgeblutet? Stammt das Hämatom von einer nicht fachgerecht ausgeführten Betäubung? Sobald Sie eine Verletzung der Haut bei Geflügel feststellen, müssen Sie genau hinschauen. Ist es ein Kratzer, den Sie zum Beispiel mit Ihrem Fingernagel beim Rupfen verursacht haben oder stammt er von den Sporen oder Krallen des Hahnes beim Tretakt? Ist die Haut entzündet? Zugegeben, um hier Antworten zu finden, brauchen Sie etwas Erfahrung. Diese werden Sie aber mit der Zeit haben.

Auch müssen Sie berücksichtigen, dass ein Schlachtkörper eines Tieres mit gelbem Fett völlig anders aussieht als mit weißem Fett. Gerade auch bei Geflügel hat die Feder- und Lauffarbe direkten Einfluss auf die Farbe des Schlachtkörpers. Hier müssen Sie also unter Umständen sogar rassespezifische Besonderheiten berücksichtigen.

Unbedingt sollten Sie den Schlachtkörper abtasten. Denn neben äußeren Veränderungen können sich Einschlüsse im Fleisch bilden. Üblicherweise ist ein Schlachtkörper beziehungsweise das Fleisch weich und geschmeidig. Spannungen oder auch ein sehr harter, womöglich mit Wasser gefüllter Schlachtkörper sind nicht normal. Dann sollten Sie lieber auf einen Verzehr verzichten.

Neben den äußeren Merkmalen des Schlachtkörpers müssen Sie ein besonderes Augenmerk auf das Gedärm und die Organe richten. Beim Ausnehmen ist es also von Vorteil, wenn Sie das gesamte Geschlinge auf ein Brett legen und genau anschauen. So ist die Leber im Idealfall immer dunkelrotbraun und gleichmäßig in der Farbe. Eine helle Leber ist ein Indiz für eine sogenannte Fettleber. Es versteht sich dabei von selbst, dass diese nicht mehr für den menschlichen Verzehr geeignet ist. Hier reicht es also aus, wenn nur die Leber nicht verwertet wird. Das gilt auch für das Herz und die Nieren beim Kaninchen. Beim Geflügel sind die Nieren so klein, dass sie meistens unbeachtet herausgenommen und mit den Därmen verworfen werden.

Rechte Seite: Diese Henne ist krank – ein Schlachten und der menschliche Verzehr scheiden aus.

Sind jedoch die Därme und Organe entzündet oder gar eitrig, müssen Sie den Schlachtkörper entsorgen. Das trifft auch dann zu, wenn Sie zum Beispiel Geschwüre oder unerklärliche Verfärbungen feststellen.

Da Sie zu Beginn wahrscheinlich noch nicht alleine schlachten, sondern jemand Erfahrenen zur Seite haben, sollten Sie auf seinen Erfahrungsschatz zurückgreifen. Er wird Ihnen bestimmt helfen und zeigen, auf was Sie achten müssen. Immer wenn Ihnen etwas ungewöhnlich vorkommt, seien Sie skeptisch. Wenn immer es möglich ist, fragen Sie jemanden, der sich damit auskennt. Im Zweifelsfall verzichten Sie lieber auf den Verzehr, anstatt Ihre Gesundheit zu gefährden.

>>>> Abweichungen vom „Normalzustand" und Ihre Entscheidung

Symptom	Geflügel	Kaninchen	Entscheidung
Verhaltensauffälligkeiten und Verhaltensstörungen	X	X	• Tier nicht für den menschlichen Verzehr verwenden.
Fühlbare Verhärtungen am Körper	X	X	• Tier nicht für den menschlichen Verzehr geeignet.
Kümmerer, abgemagertes Tier	X	X	• Tier nicht für den menschlichen Verzehr verwenden.
Offene Wunde	X	X	• Tier nicht für den menschlichen Verzehr verwenden.
Verschmutztes Gefieder	X		• Besonders große Hygiene beim Schlachten. • Brühwasser danach sofort entsorgen und evtl. für eine weitere Schlachtung unbedingt neues Wasser verwenden. • Besonderes Augenmerk auf die Gesundheit und die Konstitution, da Verschmutzung durch schlechte Haltungsbedingungen kommen kann.

Symptom	Geflügel	Kaninchen	Entscheidung
Verschmutztes Fell		X	• Besonders große Hygiene beim Schlachten. • Besonderes Augenmerk auf die Gesundheit und die Konstitution, da Verschmutzung durch schlechte Haltungsbedingungen kommen kann.
Verfärbungen am Fleisch	X	X	• Nicht für den menschlichen Verzehr verwenden
Einblutungen bis tief ins Fleisch	X	X	• Nicht für den menschlichen Verzehr verwenden.
Nicht vollständig ausgeblutet	X	X	• Nicht für den menschlichen Verzehr verwenden
Hautentzündungen, großflächig	X	X	• Nicht für den menschlichen Verzehr verwenden
Hautentzündung, partiell, klein	X	X	• Schlachtkörper abtasten • Schlachtkörper anschneiden • Wenn eindeutige Begrenzung möglich, diese Partien nicht für den menschlichen Verzehr verwenden
Wasseransammlungen im Schlachtkörper („Bauchwassersucht“)	X	X	• Nicht für den menschlichen Verzehr verwenden.
Eitrige Stellen an Haut und/oder Fleisch	X	X	• Nicht für den menschlichen Verzehr verwenden.
Eitrige Stellen am Innereienpaket	X	X	• Gesamten Schlachtkörper nicht für den menschlichen Verzehr verwenden.
Verfärbungen der Leber	X	X	• Jegliche Abweichung von der normal dunkel-rotbraunen, gleichmäßigen Leberfärbung = Leber nicht für den menschlichen Verzehr verwenden.

Symptom	Geflügel	Kaninchen	Entscheidung
Austritt von Gallenflüssigkeit	X	X	• Wenn die Gallenflüssigkeit bereits in der Bauchhöhle ausgetreten ist, bitte das gesamte Innereienpaket nicht für den menschlichen Verzehr verwenden. • Wenn die Gallenflüssigkeit beim Entfernen der Gallenblase austritt, sofort großzügig mit Wasser abspülen, dann verzehrfähig.
Austritt von Darminhalt	X	X	• Wenn der Darminhalt bereits in der Bauchhöhle ausgetreten ist, bitte das gesamte Innereienpaket nicht für den menschlichen Verzehr verwenden. • Wenn der Darminhalt beim Öffnen der Bauchhöhle austritt, sofort großzügig mit Wasser abspülen, dann verzehrfähig.
Wurmbefall im Darm	X	X	• Befall wird in der Regel gar nicht festgestellt, da die Därme meistens ohne Öffnung entfernt werden. • Bei geringem Befall Fleischverzehr möglich. • Bei starkem Befall genaue Untersuchung des Schlachtkörpers, da starker Wurmbefall ein Indiz für Gesundheitszustand sein kann.

Service

Dank

Für die Unterstützung bei der Erstellung dieses Buches möchte ich mich recht herzlich bedanken. Ganz besonders bei René Christ, Erlinsbach AG (Schweiz), der als bewährter Kursleiter der Fleischverwerter des Verbandes Kleintiere Schweiz wertvolle Tipps und Unterstützung gegeben hat. Darüber hinaus bei der Jägerschule Saur aus Königsbronn-Zang, in deren nach den neuesten Hygienevorschriften eingerichtetem Schlachtraum wir viele Aufnahmen machen durften.

Ganz herzlich möchte ich auch Dr. Gerhard Stehle, Leitender Veterinärdirektor a. D., für die Durchsicht des Fachteiles der rechtlichen Grundlagen und seine Beratung danken.

Vielen Dank der Friedr. Dick GmbH & Co. KG, Deizisau, vormals Esslingen/Neckar, die verschiedenste Schlachtutensilien wie Messer, Bolzenschussapparate usw. zur Verfügung stellte. Das gilt auch für die Firma Siepmann GmbH – Alles für das Tier, Agrar und Technik, die in vielfältiger Weise durch die Bereitstellung von verschiedenen Utensilien zum Gelingen beigetragen haben.

Der Autor

Wilhelm Bauer ist Kleintierhalter seit früher Kindheit. Alles Wissenswerte rund um sachgerechtes Schlachten und Weiterverarbeiten von Kleintieren lernte er von seiner Großmutter und Freunden. Als 1. Vorsitzender der Preisrichtervereinigung Württemberg-Hohenzollern ist er Preisrichter für Rassegeflügel sowie Zuchtwart und Funktionsträger in mehreren Vereinen. Daneben verfasste er mehrere Bücher und Broschüren zum Thema Kleintierzucht, ist Lektor einer Fachbuchreihe („Alles über Rassetauben“) und als freier Journalist und Redakteur für die Sparte Tauben der Schweizer Zeitschrift „Kleintiere-Magazin“ tätig.

Buchtipps

Bellersen Quirini, Cosima: Einfach Wurst. Pfiffige Rezepte für die eigene Küche. Verlag Eugen Ulmer, Stuttgart, 2012.

Christ, René/Bauer, Wilhelm: Geflügel und Kaninchen – nose to tail. Perfekt zerlegen und köstlich zubereiten. Verlag Eugen Ulmer, Stuttgart, 2018.

Christ, René: Gerichte aus Kaninchenfleisch. AT Verlag, Aarau und Stuttgart, 1994.

Christ, René: Gerichte aus Taubenfleisch. Eigenverlag. CH-Erlinsbach AG.

Christ, René: 100 Gerichte aus Pouletfleisch. Ringier AG, Zürich, 1990.

Donauer, Michaela: Tiere ehren und essen – Wie kann das gehen? Eine ethische Analyse wie Direktvermarkter ihr Fleisch produzieren. Masterarbeit an der Katholischen Hochschule Freiburg. Freiburg, 2014.

Gahm, Bernhard: Hausschlachten. Traditionelles Schlachten, Zerlegen, Wursten. Verlag Eugen Ulmer, Stuttgart, 2015.

Gahm, Bernhard: Würste, Sülzen, Pasteten selbst gemacht. Verlag Eugen Ulmer, Stuttgart, 2013.

Gahm, Bernhard: Fleisch pökeln und räuchern. Verlag Eugen Ulmer, Stuttgart, 2022.

Schweizerische Gesellschaft für Kleintierzucht (Hrsg.): Kursleiterkurs. Schlacht-, Fleischverwertungs- und Kochkurs. Zofingen, 2000.

Bezugsquellen

Friedr. Dick GmbH & Co. KG
Esslinger Straße 4–10
73779 Deizisau
www.dick.de

HEKA-Brutgeräte
Langer Schemm 290
www.heka-brutgeraete.de

KARI FARMING GmbH
Dieselstraße 65–71
33442 Herzebrock-Clarholz
www.kari-farming.de

MEGA – Das Fach-Zentrum
für die Metzgerei und Gastronomie eG
Schlachthofstraße 6
70188 Stuttgart
www.mega-stuttgart.de

Salm KG
Printzstraße 5
76139 Karlsruhe
www.salm-karlsruhe.de

Siepmann GmbH
Wittener Landstraße 19
58313 Herdecke
www.siepmann.net

Bildquellen

Titelfoto: Corinna Schmid, www.corinna-schmid.de
Alle Fotos stammen von Silke Klewitz-Seemann, bis auf folgende:
Wilhelm Bauer: Seite 4, 8/9, 16, 19, 21, 26 und 28
Yvonne Bauer: Seite 124, 127, 130/131 und 132

Gesucht und gefunden

Geflügel

Kaninchen

Anmerkung zur Schreibweise (Gendering) der weiblichen, männlichen und unbestimmten Form: Ausschließlich aufgrund der deutlich besseren Lesbarkeit wird in diesem Werk auf die jeweilige Mehrfachnennung oder Anpassung der Schreibweise bestimmter Bezeichnungen verzichtet. So stehen die Namen der Vertreter verschiedener Fachbereiche (wie Hundetrainer etc.) selbstverständlich für alle, die diese Berufe ausüben oder vertreten.

Die in diesem Buch enthaltenen Empfehlungen und Angaben sind vom Autor mit größter Sorgfalt zusammengestellt und geprüft worden. Eine Garantie für die Richtigkeit der Angaben kann aber nicht gegeben werden. Autor und Verlag übernehmen keine Haftung für Schäden und Unfälle. Bitte setzen Sie bei der Anwendung der in diesem Buch enthaltenen Empfehlungen Ihr persönliches Urteilsvermögen ein oder konsultieren Sie einen Tierarzt. Der Verlag Eugen Ulmer ist nicht verantwortlich für die Inhalte der im Buch genannten Websites.

Bibliografische Information der Deutschen Nationalbibliothek

Die Deutsche Nationalbibliothek verzeichnet diese Publikation in der Deutschen Nationalbibliografie; detaillierte bibliografische Daten sind im Internet über http://dnb.d-nb.de abrufbar.

Wollgrasweg 41, 70599 Stuttgart (Hohenheim)
E-Mail: info@ulmer.de
Internet: www.ulmer-verlag.de
Lektorat: Antje Krause, Antje Munk, Jennifer Zajonz
Herstellung: Verlag Eugen Ulmer, Birgit Heyny
Umschlagentwurf: Katja von Ruville
Satz: r&p digitale medien, Echterdingen
Reproduktion: time:ray Visualisierungen, Jettingen
Druck und Bindung: Westermann Druck, Zwickau
Printed in Germany

ISBN 978-3-8186-2039-4

WEITERE IDEEN FÜR IHR GEFLÜGEL & CO.

Abseits von Filet, Keule und Rücken feiern lange vernachlässigte Fleischteile ihre Wiederentdeckung: Das Nose-to-Tail-Prinzip schärft nicht nur unser Bewusstsein – es bringt auch wahre Gaumenfreuden auf den Teller. Dieses Buch zeigt eindrucksvoll, wie Huhn, Pute, Ente, Taube, Gans und Kaninchen ganzheitlich verarbeitet werden. Über 70 Rezepte spannen den Bogen vom Suppenhuhn über Tauben-Schmortopf und Hähnchenleber bis zum Kaninchen-Gulasch – überzeugen Sie sich selbst vom unvergleichlichen Aroma.

Geflügel und Kaninchen - nose to tail. Perfekt zerlegen und köstlich zubereiten. René Christ, Wilhelm Bauer. 2018. 160 S., 110 Farbfotos, 3 Tabellen, Klappenbroschur. ISBN 978-3-8186-0274-1.